THiNKr

新思

新一代人的思想

THE LANGUAGE OF BUTTERFLIES

蝴蝶的语言

[美] 温迪·威廉姆斯 著
罗心宇 译

WENDY WILLIAMS

中信出版集团 | 北京

图书在版编目（CIP）数据

蝴蝶的语言 /（美）温迪 · 威廉姆斯著；罗心宇译
. -- 北京：中信出版社，2022.5
书名原文：The Language of Butterflies
ISBN 978-7-5217-3961-9

Ⅰ. ①蝴… Ⅱ. ①温… ②罗… Ⅲ. ①蝶－普及读物
Ⅳ. ① Q964-49

中国版本图书馆 CIP 数据核字（2022）第 016195 号

蝴蝶的语言
著者：[美] 温迪 · 威廉姆斯
译者：罗心宇
出版发行：中信出版集团股份有限公司
（北京市朝阳区惠新东街甲 4 号富盛大厦 2 座　邮编　100029）
承印者：北京诚信伟业印刷有限公司

开本：880mm×1230mm　1/32　　印张：9.25
插页：8　　字数：177 千字
版次：2022 年 5 月第 1 版　　印次：2022 年 5 月第 1 次印刷
京权图字：01–2021–4321　　书号：ISBN 978–7–5217–3961–9
定价：69.00 元

服务热线：400–600–8099
投稿邮箱：author@citicpub.com

谨 以 此 书 献 给

林肯・布劳尔

Lincoln Brower（1931—2018）

和被谋杀的社会活动家

奥梅罗・戈麦斯・冈萨雷斯

Homero Gómez González（1970—2020）

大自然对于六足生命有着执拗的偏爱。[1]

—— 迈克尔 · S. 恩格尔

目录 Contents

PART
II

现在

PRESENT

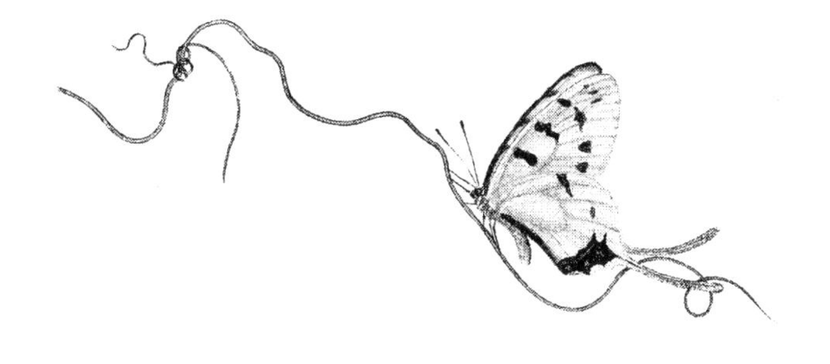

导言

Introduction

色彩是一种直接作用于灵魂的力量。[1]

—— 瓦西里·康定斯基（Wassily Kandinsky）

很久以前，那时我刚二十岁，一文不名，在伦敦晃悠着，寻摸有什么不要钱的消遣，我溜达进了这座城市的泰特美术馆——里面满是些全世界最有名的艺术作品——径直走到了J.M.W· 透纳一幅令人目眩神迷的代表作跟前。

我整个人呆住了。

瞠目结舌。

画面明艳，闪耀着熹微的光，黄色、橙色和红色在海面上的战舰烟雾朦胧的轮廓四周旋转着，我被这幅画深深地迷住了。

如果你看过透纳创作的画面，就会明白为什么了。他的作品找到了人类灵魂当中一道隐秘的裂口，一条掉进兔子洞的神经通路，对于我们中的一些人来说，一旦进入，可谓在劫难逃。那是一种生物学现象，一项进化赋予的使命。直到最近才被科学发现，却早已被艺术家们通过直觉所理解，这种隐藏的欲望诱发了一种独特的催眠般的迷醉状态——一种对色彩的渴望。

站在透纳的作品前，我被催眠了。

我绞尽脑汁，试图在这谜团中找到出路。这是一场纯粹的体验。我年少无知，对艺术一窍不通。我不晓得透纳是谁，不知道他被看作一位给印象派铺平了道路的天才。我还没准备好毕恭毕敬地观赏他的作品。这就是一件一辈子只有一次的事情。

恍若初吻。

我再也没有经历过如此心悦诚服、如此强烈、如此天然而纯粹的震撼。

直到……

我又一次仿佛冷不丁挨了一拳。这次是在耶鲁大学拉里·加尔的办公室里。蝴蝶迷的世界是疯狂的、令人心猿意马的，有时甚至是致命的，而我怀着对这个世界的兴趣，来与加尔会了面。身材颀长、戴着眼镜的他，是这所大学的一位计算机专家，也是横跨一个多世纪的蝴蝶、蛾子和毛虫馆藏的保管者。成千上万盒仔细制作、用心记录的鳞翅目昆虫标本——蝴蝶和蛾子——从世界各地被带到了耶鲁。

就像那幅透纳的画一样，这一盒盒标本也是纪念碑式的艺术杰作。但不像我爱过的那幅透纳的宏大海景，数十年来，这些盒子一直被保存在成千上万个控温控湿的抽屉里，几乎不为人所见。执着的蝴蝶迷们在世界各地的房间、丛林和实验室中孤军奋战，积攒起一盒盒标本，其中有些可以回溯到18世纪。

制作出这些标本的艺术家，显然兼具对色彩深沉的热爱和对细节谨慎入微的追求。这些万花筒一般丰富多彩的藏品，代表了一群男男女女伏在案上，以稳健之双手和一种我做梦才能想见的志趣，全情投入劳作的千百段人生。

在对一幅透纳的画投去了那改变人生的一瞥四十多年之后，我又一次被震撼了。我还想看。

再多看一些。

可看的有很多。耶鲁实实在在地拥有数以十万计的蝴蝶和蛾子标本。在排列成行的标本柜中，抽屉从地板摞到天花板，里面安放着一个个标本盒，等待着某一天，宇宙中的某处，无论是在我们的银河系还是更远，某位或许还未出生的研究者，会需要它们来进行研究。

标本整整齐齐、一丝不苟地按行钉好，整个标本盒的空间也仅仅包括一个物种。最完善的标本盒还记录了样品的采集时间和地点。

加尔耐心地将一盒盒蝴蝶拉出来。就像对透纳的画一样，我拼命想要参透自己眼前所见。谁能想到，一盒盒死去的昆虫竟会如此赏心悦目、美妙绝伦呢?

终于，本身也是个蝴蝶迷的加尔，对我和我那没完没了的“这是为什么？”“那是为什么？”厌倦了。虽然他表现得彬彬有礼，却也绝对不想搭理我了。

于是我明白了，蝴蝶效应（按我的新解释）是真的——深深根植于我们大脑的对色彩的渴望能够转变为一种瘾。我本来只是在探究某些鳞翅目昆虫学家不同寻常的热情，自己却也陷入了强迫症：有些小到几乎看不见，另一些却拥有一英尺*宽的翅展，这些古怪的飞行生物到底是什么？

和多数人一样，我对蝴蝶并不陌生。蝴蝶是我大半生的伙伴，当我骑马穿越高高的落基山脉谷地，或是跨过佛蒙特州开满野花的富饶田野，都有蝴蝶相伴。它们在我长大的宾夕法尼亚州草场上很常见，当我在塞内加尔生活，或者在津巴布韦、肯尼亚、南非旅行时也是一样。在每一个地方，当我行走在荒草和野花丛中，都有蝴蝶翩跹舞蹈。当我徒步走在阿巴拉契亚的山中小径，或者在科德角的海滨漫步时，蝴蝶也都在。

我当然看见它们了。我当然也喜欢它们。谁不喜欢呢？但我把它们看得理所当然了。我并没有真正地注视它们，也就是说，没有仔细去看。它们从哪儿来？它们为何在这里？它们在我们这个星球上干什么呢？它们身上有什么东西，如此强烈地驱使着人类的灵魂，男男女女拼上自己的财富和一生，甚至偶尔搭上性命，就为了抓住它们？

* 1英尺≈0.30米。——编者注

我的好奇即将引领着我环游世界——有时是真的去了，有时是通过阅读或者与很多科学家通电话，当我说起我对鳞翅目昆虫的感悟时，他们准确地理解了我的意思。眼前的面纱揭开了，整个宇宙向我敞开了怀抱。

我了解到，蝴蝶的语言就是色彩的语言。它们用那些闪光和炫彩彼此交谈。我有时会将它们想象成世界上最早的画家。让我们开心的是，人类在相同的色彩语言中找到了快乐。我们与这些六条腿的生命形式有着由来已久的伙伴关系，人类在20万年间能够在地球上生存下来，也得益于这种伙伴关系。

即使在今天，蝴蝶仍然是我们的伙伴。我了解到，17世纪的蝴蝶研究彻底改变了我们对自然的认知，并由此为我们如今称之为生态学的科学研究领域奠定了基础。我还了解到，奠定这个基础的，是一位做事极有条理、细致入微的13岁小姑娘所做的研究。

我了解到，揭开蝴蝶的奥秘帮助我们理解了进化的运作方式，它们与其他生命体的合作关系构成了我们星球上的生命之根基，如今，在很多科学实践方面，蝴蝶也帮助了我们，通过为医学技术提供令人惊奇的新的模仿对象而改善着我们的生活。举个例子，蝴蝶的鳞片帮助材料学研究者进行仿生设计，以救助哮喘患者。

所有这些出人意料之处都勾起了我的好奇心。当我开始这项工作时，本以为写些关于蝴蝶的东西会是件简单的事。我想错了。蝴蝶是已经演化了超过一亿年的奇妙复杂的存在。令人兴奋的是，一方面，我们正突飞猛进地解锁着它们的秘密，另一方面，它们一些独有的特性仍然有待理解。

遗憾的是，我同样了解到，出于多种多样的原因，蝴蝶和蛾子的种群数量正在下降，有时是骤降。原因有很多，也可以采取很多措施来避免更大的损失。我明白，蝴蝶的消失将会是整个星球的灾难，并且不仅仅是出于美学方面的原因。它们那不可或缺的贡献，使得整个系统完整无缺。

幸运的是，说到蝴蝶保护，我们已经取得了很大的科学成就，所以未来是有希望的。全世界数以百计的研究者和数以千计热忱奉献的蝴蝶爱好者社团，正在让事情发生改变。

在这本书里，我们会发现这些事情的来龙去脉。

THE LANGUAGE OF BUTTERFLIES

PART I

过去

PAST

01 上瘾的灵药

The Gateway Drug

对于鳞翅目昆虫学家来说，蝴蝶翅膀上斑驳错综的色彩，就像家人的面庞一样熟悉。实际上，我所认识的一位鳞翅目昆虫学家对前者比后者还要敏感。[1]

—— 理查德·福迪（Richard Fortey），
《干燥储藏间一号》（*Dry Storeroom No. 1*）

无论怎么看，赫尔曼·斯特雷克（Herman Strecker）[2]都是个很古怪的人。他长着一张大长脸，大长脖子，还有更长的、野蛮生长的胡须，看起来就跟摩西似的。那双深陷的眼睛里充满了哀伤。他蓬头垢面，如痴如狂，不脱鞋不脱裤子就上床，将自己裹进床单里面。

白天，他是一个贫苦的石雕匠人，专门在孩童们的墓碑上雕刻天使。可到了晚上，斯特雷克就堕入了一种更加深沉、更加黑暗的欲望——一种最终主宰了他整个人生的贪婪的冲动当中。有的人想要有钱，有的人想要拥有华服、豪车、名望、美宅，还有的人，想要掌控政局。

斯特雷克想要的，是蝴蝶。鳞翅目。（Lepidoptera 是蝴蝶和蛾类的拉丁文学名，lepidos 是希腊语中“鳞片”一词；后文将详述。）他渴望拥有地球上每一种蝴蝶的标本，每种至少一号。他已经接近成功了。他于 1901 年去世，在郁郁不得志的一生中，他已经积累起了 5 万号标本。我无法想象有这么多数量的任何东西堆在家里。他的家中一定只剩立锥之地了。

和英国的银行世家子弟沃尔特·罗斯柴尔德勋爵（Lord Walter Rothschild）的 225 万号标本比起来，这只是个小数目。沃尔特勋爵是当时世界上最富有的人之一，他建立了专门机构来容纳这些藏品，并雇人照管。斯特雷克绝不在那 1% 的富豪之列，然而在当时的北美洲，他的收藏规模是最大的。考虑到他非常穷，我猜想那些插着针的死蝴蝶一定塞满了他那并不宽敞的住处的角角落落。

斯特雷克是他所生活的维多利亚时代的产物。事实上，他恰恰与维多利亚女王同一年去世。他悲剧的一生经历了死婴、贫困、年少早逝的女子、饥饿，还有一种极致的辛酸，让他的故事听起来仿佛直出自埃德加·爱伦·坡的笔下。其实，这个石雕匠还真的为费城一位客户的豪宅入口通道雕过一只乌鸦，看起来倒是和他的形象十分相称。就像爱伦·坡的《乌鸦》里的情人慢慢沦入疯狂一样，斯特雷克是一个狂热躁郁的人。年纪越大，他就变得越发极端。

他曾写道，自己是个“杂食者”[3]。他永不满足，就像追逐黄金的迈达斯（Midas）。“真让我魂牵梦绕啊。”[4]在搜寻一种公认难以获得的外国蝴蝶时，他对一个朋友说。当另一个人寄给他一只他渴望已久的鸟翼凤蝶时，他写道：“看着这只华美的鸟翼凤蝶，试图表达我的情感已是徒劳。我只是想到童年的梦想成真了，因为自从五岁起，我就在为绿鸟翼凤蝶牵挂辗转了。”在另一封信里，他诘问道：“上帝为何要给我们种下无法压抑的欲望，却又断绝了满足欲望的途径？”[5]

孩提时，斯特雷克曾获准在费城一座自然博物馆里阅览一些昂贵的手绘蝴蝶书。19世纪早期的美国北方，文化生活枯燥单调。城市和乡镇都被木柴和煤炭烧出的煤烟和污垢覆盖着。除了最有钱的人以外，甚至大家穿的衣服都是黑色、灰色的。印刷品的世界，同样是黑白的。

相反，这些手绘书籍则因奢华的风格而引人注目，其中描绘着遥远的热带国家的蝴蝶，异域风情十足。在维多利亚时代早期，这些书就相当于现在的史诗大片。

我猜想，儿时的斯特雷克完全被这些书征服了，就像我被那幅透纳的画征服一样。色彩女神走进了他那被煤烟、贫穷和绝望主宰的世界。他挥起捕虫网，开始在家附近抓蝴蝶，用针将它们钉在板子上保存起来。这份沉迷让他的父亲怒不可遏。接下来就是一次次严父式的责打，但斯特雷克不愿——

又或许是无法——放弃自己对美丽和阳光的执着追求。

斯特雷克并不孤独。在维多利亚时代，收藏和命名上帝创造的生灵，是一项各阶层的人们共同参与，被社会所认可的事业，就连女性也获准参加。在整个欧洲和北美，收藏昆虫标本不仅被认为是一项健康的活动，还是一种向上帝和他在人间的杰作致敬的方式。因此，即使在人们提起玩乐就皱眉头的死板文化中，这项活动也是被人接受的。

事实上，人性中存在着一种“清查盘点的义务”[6]，古生物学家理查德·福迪在个人回忆录《干燥储藏间一号》中如是写道，这本书是关于时至今日仍然杂乱无章地躺在伦敦的自然博物馆后屋里的宝藏的。

这种“义务”源自《圣经》中的记载。维多利亚时代的人们从《创世记》中读到，上帝为地球上生活的万物赋予了形体，然后命令亚当为它们命名。它们在被命名之前，当然先得被收集起来了。

“收藏是维多利亚时代的全民爱好。”[7]吉姆·恩德斯比在《庄严的自然》（*Imperial Nature*）中写道：“从贝壳、海草、花卉、昆虫到硬币、签名、书籍、巴士车票，维多利亚时代的每个阶层都在搜集自己的宝贝，给它们分类和排序，再拿自己不需要的藏品去和其他发烧友交换。”（巴士车票也行？）

人们由此爱上了户外活动，走出去只为了追求野外的乐趣，为了享受一段维多利亚时代的美国诗人沃尔特·惠特曼所说的“蝴蝶相伴的快乐时光”[8]。但对有些人来说，收藏的瘾远远超过了单纯的文化风尚，其痴迷可以说是镌刻在基因中的。

在19世纪最后几十年，为数众多的最老到的蝴蝶收藏者是彼此相识的，他们会定期通信。被普遍认定为北美洲顶尖专家的斯特雷克，就是这个圈子的一员。可是最后，其他收藏者开始怀疑，斯特雷克在参观他们的收藏时，偷偷顺走了一两号标本。他渐渐被人冷落了。

他开始受人责难。他抨击同行，又被人家回击。有人称斯特雷克为“昆虫学界的蜘蛛”。1874年，一位收藏者，也是他曾经的朋友，在“中央公园事件”中指控他从后来的美国自然博物馆偷了标本。指控者在蝴蝶收藏界享有盛名，广受信任。

这件事据说是这样的：斯特雷克戴了一顶林肯总统戴的那种大礼帽，帽子里面藏了一块软木板，上面插着他偷来的标本。传言始终未得到证实，可是很多博物馆仍旧不许他参观藏品。在他死后的一个世纪里，也没有发现其犯罪的证据。他受到指控可能是因为性格怪异。他的热爱太过深沉，使自己在同行中显得格格不入。

斯特雷克在潦倒中死去。他的收藏现在保存在芝加哥的菲尔德博物馆里，此外还有60万份信件和书籍，至于这是见证了他一辈子舍身奉献的爱，还是不可自拔的瘾，那就见仁见智吧。

斯特雷克的传记作者，也是《寻蝶人》（*Butterfly People*）的作者威廉 · 利奇（William Leach），称斯特雷克为蝴蝶世界的“反叛传统的人”（规则破坏者）。利奇相信斯特雷克并未犯下偷窃的罪行，他和其他收藏者——很多来自富裕阶层——相处不好，是因为他好斗的性格。我们在电话中聊过，探讨了斯特雷克对收藏蝴蝶的渴望是否天生注定。

“我也有同样的基因，”利奇告诉我，“我完全理解这个人。事情就这么发生了。这是一种不请自来的东西，它始于孩童与这种飞行的色彩初次的相遇。这会让孩子心中产生某种感觉：我要那个。我要。”

但那个，利奇警告说，只是开始而已。

他说，你对蝴蝶，再然后是蛾子——都是鳞翅目嘛——了解得越多，就会越来越沉迷其中。

“蝴蝶，”我得到了好几个研究者的警告，“只是入门的毒品而已。”

于是我们便跌入爱丽丝的兔子洞中。

那么，蝴蝶身上有什么东西，如此轻易、如此广泛地勾起了地球上的智人物种的兴趣呢？仅仅因为它们是漂亮的小生灵吗？又或许部分原因在于，它们是我们星球进化不息的故事的一个符号，我们与其他所有生命体之间的伙伴关系的一个符号，是生命轮回的一个符号？

地球上生活的物种总数也许多达万亿，其中大多数都尚未被发现。大约120万个物种已经被命名，并得到了正式的描述。鉴于只是从不到200年前，维多利亚时代的人们才认真严肃地开始为所有生命体命名的任务，这个进度就算挺不错了。但直到很多很多辈人之后，我们才会真正掌握仅仅是我们这个星球的所有物种。谁又知道，在我们自己这个小小的世界之外，宇宙之中会有什么呢？分子生物学家克里斯托弗·肯普（Christopher Kemp）这样总结道："对于我们身边无处不在，悸动着、震颤着的大自然，我们知道的是多么少啊。"[9]

迄今为止，地球上的物种多半是单细胞生物，包括有细胞核（细胞中容纳DNA的中心结构）的和无细胞核的。但多数人想到的就是植物和动物。多数动物是多细胞，能够移动的；多数植物是多细胞，不能移动的。（不过，当然了，这条规则是有例外的。）

对植物而言，已知的物种不到40万种。相比之下，已被命名的昆虫物种现在大致有90万种。再对比一下已知的哺乳动物物种数：大约5400种。

故云：昆虫说了算。

"进化乃多样性之父。"[10]昆虫学家大卫·格里马尔迪（David Grimaldi）和迈克尔·恩格尔（Michael Engel）在《昆虫的进化》（*Evolution of the Insects*）中写道。这本书是昆虫学家们翻烂了的教科书。由于昆虫已经存在了几亿年——当然比任何哺乳动物都久——又由于很多昆虫物种经过地球上几次残酷无情的大灭绝事件仍然存活了下来，它们多到数不清也是有道理的。

昆虫是节肢动物，即具备外骨骼的生命体中的一类。它的起源要一直上溯到迷人的寒武纪世界，那时，大自然的进化实验玩过了火，丰富的生物多样性突如其来，导致了海洋中的生命大爆发。从大约 5.4 亿年前开始，节肢动物统治了地球。它们代表着当时最棒的生存策略。

作为节肢动物，蝴蝶可以一路追根溯源到这个时期，远早于骨骼长在身体里面的动物普遍出现的时间。“从衡量进化之成功的大多数维度——世系之绵长，物种之众多，适应性之多样，生物量之巨大，还有在生态方面的影响力——来看，昆虫都是无与伦比的。”格里马尔迪和恩格尔写道。[11]

昆虫已经存在了 4 亿年。而最原始的哺乳动物似乎是 1.4 亿年前至 1.2 亿年前才出现的，大约是最早的开花植物出现的时间。就我们掌握的确切证据来看，直到大约 5600 万年前，地球上才有了现代哺乳动物，如灵长类和马。确如伟大的公众科学家爱德华·威尔逊所言：微小生命使地球运转。

“毫无疑问，”格里马尔迪和恩格尔写道，“其他任何生命体类群的多样性从未超过昆虫的一个零头。”[12] 当然，单细胞生命体除外。

那么蝴蝶的地位又如何呢？它们属于现存昆虫中第二

大的目——鳞翅目，也就是翅上有鳞片的昆虫，包含大约18万个已知物种。（尚未被发现和命名的很可能比这多得多。）其中只有大约1.45万种是蝴蝶。如果算上一类被称为“弄蝶”的昆虫，这个数字会达到大约2万，有些科学家将它们归类为蝴蝶，有些则不。

另外16万种左右翅上有鳞片的飞行昆虫被称为“蛾”。我很好奇，蛾子与蝴蝶之间的区别到底是什么？为什么它们相同，却又不同？

在耶鲁大学的一间实验室里，我与一些正在帮忙整理学校大量收藏品的志愿者聊起了这个话题。“蛾子”这个词勾起的是嫌恶。谈论它们的时候，我们做出了经典的“辣眼睛”的表情：皱起鼻子，鼻孔微微张开，嘴唇向后咧，几乎像在嗥叫。而谈到“蝴蝶”时，大家的眼睛就亮了，笑容也浮现了。甚至有一个专门的名词形容人们对蛾子的厌恶——恐蛾症（mottephobia），而据我所知，还没有什么用来形容“对蝴蝶的恐惧”的正式词汇。很多即使害怕蛾子的人，也会觉得蝴蝶令人愉快。

在我们的讨论中，鳞翅目下的这两个类群触发了截然不同的情绪反应。“蛾子”很讨厌，有时会成为不速之客，侵蚀你的烘焙面粉，咬坏你的羊毛衣物，晚上还在你家的电灯周围飞来飞去地烦人，让你破财又劳心。另一边，“蝴蝶”则多姿多彩、精致、纯洁、善良、干净，需要得到保护，是为你园中的花朵画龙点睛的装点。

这些都是偏见。并非所有的文化都反感蛾子。有些人喜欢它们，另一些人则靠它们维生。依据传统习俗，澳大利亚的原住民会追猎大群半休眠的布冈夜蛾，然后把它们烤熟，要么当时就吃，要么磨碎做成可食用的蛋白质糊糊，他们可以方便地随身携带，就像印第安干肉饼一样。

另一些文化则发现了蛾子其他方面的用途。中国台湾有一种乌桕大蚕蛾，或者叫“蛇头蛾”，这种善飞的昆虫在受到威胁时会掉在地上，慢慢扭动，它的翅膀尖端看起来像一条蜿蜒的眼镜蛇的头。雌性乌桕大蚕蛾的翅展可达 12 英寸*。当乌桕大蚕蛾破茧而出（蛾子是从“茧”里羽化出来的，蝴蝶是从“蛹”里羽化出来的），羽化成蛾的时候，当地人就会将已经空了的丝质茧壳当作手提包来用。

我从未认真思考过蛾子和蝴蝶的区别，我原本认为那是显而易见的。现在我决定进一步探索。

在哈佛大学比较动物学博物馆的蝴蝶标本收藏室中，助理馆员蕾切尔·霍金斯（Rachel Hawkins）陪我走到一个插着几号标本的盒子前。相比罗斯柴尔德的收藏，这份只有几十万号鳞翅目标本的收藏算小的，却也十分了不起，因为里面包含着一个后来被食人族吃掉的人采集的鳞翅目标本，还有一只被霰弹枪打下来的巨型鸟翼凤蝶。这号标本可能是由

* 1 英寸≈2.54 厘米。

这座博物馆早期一位馆长托马斯·巴伯（Thomas Barbour）采集的，他反对进化论，直到二战时期还坚定地相信进化与遗传并无关联。

“告诉我吧，哪些是蛾子，哪些是蝴蝶。”霍金斯说。

盒子里面有八号标本，排成两列。左边那列最上面是一只翅膀色泽闪亮的昆虫，黄绿相间，颜色鲜艳，身体纤细。它让人眼花缭乱。在它旁边，右边最上面，是一只身体粗壮、土里土气的昆虫，腹部肿胀，使我想起一只外表邪恶的特大号蜜蜂，它的翅膀大部分是暗色的，带有细细的黄色条纹。我猜左上角的昆虫是一只蝴蝶，因为它有苗条的身材和多彩的翅膀。我猜右上角的昆虫是一只蛾子，主要是基于那粗壮的身躯。

就这样，我继续往下猜，利用我学到的经验猜完了整盒标本：蛾子的触角粗而多毛，蝴蝶的触角则很细，末端略微膨胀出一个小圆头；蛾子的身体粗短，蝴蝶的身体曲线婀娜；蛾子晚上出来，蝴蝶白天出来；蛾子色彩暗淡，蝴蝶很美丽。

或者说，常识就是这样的。

我每一次都猜错了。

霍金斯告诉我：“人们认为蛾子是色彩单调的东西，是那些夜里飞到你的灯旁的褐色的小玩意儿，它们长得都一样。事实绝非如此。拥有靓丽色彩的蛾子多得是，也有些蝴蝶只是不起眼的褐色的小东西罢了。”

她继续说道，白天活动的蛾子也很多，同样，有些蝴蝶是在傍晚出没的。

"人们看的往往是身体的形状和特征，"她接着说，"认为蛾子粗壮、丰满、毛茸茸的，而蝴蝶就不这样。根本不是这么回事儿。一些飞行能力更强的蝴蝶就会拥有更粗壮的身躯。纤瘦而又优美的蛾子当然也有，甚至有些还有类似蜂类的苗条身体。"蛾子通常"毛茸茸"的，而蝴蝶则很光滑，但凤蝶却同样是"毛茸茸"的，可能是因为它们能够飞到很高的海拔，那里比较冷，它们需要保护性的隔热层。

这不是蛾子第一次令我困惑。在我开始撰写这本书之后不久的一天，我望向起居室的窗外，看着我最爱的能引来蝴蝶的小灌木丛。一个似乎是我见过最小的蜂鸟的动物出现在眼前。在古巴，我曾一度为岛上的吸蜜蜂鸟（*Mellisuga helenae*）而着迷，那是世界上最小的鸟，的确和一只很大很大的蜜蜂体形差不多，那种蜜蜂我绝不想在自己的花园里碰见。

我最初形成并且相当荒谬的想法是："我很好奇，从古巴一路飞到科德角的北边，这种小小的鸟是怎么做到的？"我看了好一会儿。这个饥饿的家伙盘旋在一朵又一朵花的上空，似乎是啜饮了一口就盘旋到别处去，好像要再吸一口。

然而我越看就越疑惑。这不是我以为自己会看到的那种行为：悬停的时间太长了，飞来飞去的次数不够。蜂鸟是出了名的待不住，这让我很是崩溃，因为我喜欢观察它们。而这个小家伙实在是有点太淡定了，停留在同一丛灌木里，几乎是有条不紊地从一朵花移动到另一朵花。

我眯起眼睛，定睛一看。我上当啦。这可不是什么蜂鸟。

这是一只长喙天蛾（*Hemaris thysbe*）。这位兄弟正在大白天里飞着，就像蜂鸟和蝴蝶一样。它颜色发红，在我的紫色灌木丛中异常醒目。它确实拥有一副胖墩墩的身躯，但很美丽。

有些蛾子的外形进化得很像蝴蝶。而马达加斯加日落蛾却能在很多方面表现得像一只蝴蝶。在18世纪末刚刚命名时，日落蛾被归类为一种蝴蝶，部分原因在于它在白天而不是晚上出没，也在于它的色彩极其绚烂。

有一个总体来说经过了实践检验的区别蛾子和蝴蝶的方法：看翅缰。蛾子的翅上面有翅缰，蝴蝶就没有。（当然，也有例外。）本质上，翅缰是一种翅的连锁系统。蛾子身体的左右侧各有一个前翅和一个后翅。前翅和后翅共同运动，因为它们被连在一起了。这套东西的正式术语叫作翅缰型连翅器，不过，简单地把它看作一套钩眼相连的纽扣，是最容易理解的。

蝴蝶没有这套东西。事实上，它们通常拥有大而有力的前翅，飞行时，它会盖住大部分后翅，以至于可以直接把后翅压下去，简单说，就是使蛮力。（但我还是要说，这条规律也有例外。生物演化了几千万年之后，总是会有个例的。）

另一方面，蛾子和蝴蝶的确拥有一些相同的重要特征，包括引人注目的喙（proboscis）。这个读作“pro-BAH-sis”的怪词含义很简单：“长长的鼻子”。大象就长着了不起的

proboscis。我的边境牧羊犬塔夫也是一样，我们出去散步的时候，它长长的proboscis总是嗅着叶子的下面，探查着地面，寻找绵羊、坏蛋或者女朋友。非洲的哺乳动物土豚，长着看上去很累赘的proboscis，用来嗅探蚂蚁和白蚁。长鼻猴也长着一根不可思议的长鼻子，不过没人知道为什么。

但蛾子和蝴蝶的“鼻子”跟它们完全不同，这些神奇的附肢并不是鼻子，不是用来吸取氧气，也不是用来闻气味的。（为了呼吸，鳞翅目昆虫在外骨骼上长有被叫作气门的吸收氧气的小孔。它们是用触角来探测周围的大气的。）

喙吸收的是营养物质，不用嚼，不用吸，不用嗦，不用舔。有时，人们会将鳞翅目昆虫的喙比作“舌头”，但这并不符合实际情况；因为舌头待在嘴里，而从常理来看，无论蝴蝶还是蛾子都没有“嘴”。有时，喙被描述为“口器”，但这只是传统观念。

鳞翅目昆虫的喙从头部延伸出来，外形奇特，有时甚至有点怪诞。它与我们多数人熟悉的任何其他器官都不一样。鳞翅目昆虫的喙有时长达体长的三倍、四倍，甚至五倍。

只有在会飞的成虫阶段，鳞翅目昆虫才有这样奇特的喙。作为进食机器的幼虫，上颚（外骨骼中像上下牙一样的硬化部分，由肌肉操控）总是动着，磨碎食物，储存营养和毒素，供自己即将化身成为的飞行昆虫使用。（通常所说的“嚼”并不十分准确，因为它们没有牙齿。）

在蛹中，随着幼虫变成一只蝴蝶，上颚就消失了。在大自然用来降解物质的化合物，即“酶”的浸泡中，操控上颚的肌肉溶解了。（当然，也有少数蛾子在羽化后仍然拥有上颚。例外，例外，例外永远存在。）

与此同时，其他的一团团细胞变得活跃，除了其他器官，还发育出鳞翅目的喙。喙在蛹中发育成一根细长管子各自独立的两半。蝴蝶羽化时，横截面各为一个“C”字形的两半合并在一起，形成一个长长的圆圈。这个长长的圆圈，即那根管子，可能只有几毫米长，也可能相当长。

在没有“嘴”来给自己补充能量的情况下，多数鳞翅目昆虫用的是它们的喙。在它们的一生之中，这个用来获取营养的器官卷起又打开，次数不可胜数。想想孩子们在派对上玩的纸吹龙，他们一遍遍吹也吹不腻。

喙的功能就是它的英文名字暗含的事情：刺探（probe）。它会探索，它会寻找食物。如果你静静地坐着，凑近了看，就会看见花上的蝴蝶探向花朵的内部寻找花蜜。通常，当蝴蝶只是在飞行的时候，喙是一圈一圈卷起来的，像法国圆号的铜管。可是等到要伸开喙管来进行探索的时候，两组肌肉——在卷起来的管子两侧，每侧一组——就会收缩，使喙管全部伸出，有点像是大象伸直鼻子的样子。

只要你花一点时间观察过一只待在花上的蝴蝶，就一定见过它们使用这根伸开的喙管，似乎是在吸取我们想象中隐藏在花里的一点花蜜。（我们错啦，不过后面会说到这一点的。）

喙就是那个关键之处，昆虫与花朵借此得以结成愉快的伙伴关系。这桩结合不仅带来便利，还能维持生计。花儿用诱人的香气和甜美的花蜜诱惑昆虫前来。昆虫在获取花蜜(或者用鳞翅目昆虫学家的说法，叫“吸蜜”)的同时，也会无意间粘上花粉，它们不可避免却又不自觉地将花粉带到了下一朵花，于是那朵花就被授粉，得到了一组新的基因。昆虫并非有意给花朵的性行为助力，但它们确实做到了这一点。

由于喙的存在，昆虫既有收获，也有付出。花也是一样。这是一场有来有往的交换。如果生命想要在我们的星球上存活下去，这同样很有必要。现如今，我们认为这是理所当然的事情，但在人类历史的大部分时间里，人们并不理解这个简单的自然真理。

直到19世纪早期，西方思想家都将花朵解释为上帝赐予人类的美丽礼物。它们来到这个星球的任务是赋予我们愉悦，从而让我们感受到上帝在生活中的存在。当然了，我们仍然可以这样看待它们，但大约200年前，园艺学家们掌握了另一个层面的事实：花朵是有性（性爱的性！）繁殖的。花有雄性的部分和雌性的部分，而传粉者则帮助它们牵线搭桥。性！这个想法太恐怖了，甚至不能在女人和孩子面前谈论。[13]但最终，真理是藏不住的。我们接受了关于生命的这个惊人的事实：蝴蝶（和其他昆虫）为这个有性生殖的基因交换过程提供了一条重要的途径。

事实上，花朵与喙之间的关系最终启发了人们对于进化最重要的洞察。

02 跌入兔子洞

Down the Rabbit Hole

像蝴蝶这么简单的东西，包含着你我永远无法理解的复杂谜团，而这，这太美了。[1]

—— 德坦 · 桑德林（Destin Sandlin），
《每天聪明一点点》（*Smarter Every Day*）

1862 年 1 月末，赫尔曼 · 斯特雷克当时二十五六岁，而即将迎来 54 岁生日的查尔斯 · 达尔文正在给自己的好友，植物学家约瑟夫 · 道尔顿 · 胡克写一封信。[2] 他阐述了自己对于美国奴隶制度的不满，那是他全身心憎恶的。接着他解释道，英国的长子继承制——要求财产由长子来继承的法律——同样也有问题，因为它干预了自然选择的法则。“设想一下，每个农场主都必须让最先出生的公牛成为整个牛群的种牛！”

当时，达尔文和至少 15 位家庭成员（他是典型的居家好男人，有很多子女和很多仆人）患了严重的流感，尚未痊愈。然而，他努力撰写着自己 1859 年的畅销书《物种起源》的续作。对自己行将问世的最新大作——《兰花的传粉：不列颠与外国兰花经由昆虫授粉的各种手段》（*Fertilization of Orchids: On the Various Contrivances by Which British and Foreign Orchids Are Fertilized by Insects and on the Good Effects of Intercrossing*）*，他抱以很高的期望。（哎呀，在那个年代，人们认为书的标题就应该准确地——一丝不差地——告诉读者他们花钱买的是个啥。自降身价的标题党是不被接受的。）

给胡克写信，是达尔文从全家染病这件糟心事中逃出来喘口气，以及在辛苦的写作之余放松自己的方式。但他那充满了八卦和俏皮话的亲切闲谈被一个包裹的到来给打断了。我们知道，这个重大事件也被匆匆记在了信的末尾。谢天谢地，达尔文喜欢写信。

邮包里面是一份慷慨的礼物，稀有而珍贵——一种六个花瓣、星形、令人叹为观止的兰花，出自马达加斯加。包裹寄到乱成一团的家门口时，他并不知道，这份礼物对于他即将出版的关于兰花的超级畅销书举足轻重。这本如今简称为《手段》（*Contrivances*）的书之所以在当代还有人读，一个重要的原因就在于这种兰花。

* 科学出版社 1965 年出过中译本，书名为《兰花的传粉：兰花借助于昆虫传粉的种种技巧》。——译者注

达尔文的眼睛睁大了，不是因为这朵花本身，而是因为它的底部垂下的附属物（花距）的长度。

它太大了，几乎有一英尺长。

这异常的尺寸让达尔文震惊了。

他提出了一个问题，在过去150年中，这个问题以各种方式让科学家们忙得团团转。

“我的天，什么昆虫才能吸到它的蜜啊”他在写给胡克的信中附言道。他匆匆写下这句话时怀着巨大的兴奋，结尾处连问号都忘了写。

这种兰花“令人震惊”，他评论道。随后他谈到了那根绿色的，“像鞭子一样的”，一英尺长的距，他相信它的底部储存着花蜜。你只要看过兰花，哪怕一眼，就肯定见过兰花的花距。把花距剖开，你会发现里面是中空的。

达尔文对着这朵兰花陷入沉思。一种花为何要用掉如此之多的能量，来长出一个让花蜜难以获得的东西呢？这没有道理啊。这不会将传粉昆虫拒之门外，从而让这种花的繁殖选择受限吗？

终于，达尔文意识到：这种花想要引诱的不是随便什么昆虫，而是一种特定的专性传粉昆虫，它不会将这种花的花粉带到别的种类的花那里而造成错误传粉。达尔文判断，这种特别的兰花将花距延长，就是为了只吸引一种拥有同样长的喙的昆虫。

这种情况属于量身定做，就像比着手做手套一样。如果手套不合适，你是不会想戴它的。

他还认为，昆虫自身也会受益：不用跟其他种类的昆虫竞争，它就能得到花蜜。换句话说，达尔文得出了一个物种间配对关系的理论：不仅是进化的理论，更是协同进化的理论，它阐明了生命体之间的一种天然的伙伴关系。在一场双赢的婚姻中，生命体有时会在相互作用的关系中共同进化。

我们人类认为各种各样的生命体是相互独立的，可有时它们十分融洽，几乎合而为一。为了生存，它们需要彼此。

事实上，对我们的整个星球也可以同等观之。这不是达尔文独有的观点；从17世纪的玛利亚·西比拉·梅里安（Maria Sibylla Merian，关于这位长期被忽视的天赋异禀的家庭主妇，后文将详述）起，其他人也开始将自然看作一张生命体织成的网了。但达尔文阐释了这个思想，赋予了它重要的确定性。

他提出，一定有一种鳞翅目昆虫，它拥有特别长的喙，一个能够一直伸进长长的花距里面的巨型器官。他将自己的预测写在了即将出版的《手段》里。后来他写道，他因此而受到了奚落。几乎没人能够设想一只蝴蝶拥有这样垂在下面摆来摆去的喙。带着这么一个东西，这只虫子该怎么飞呢？

余生之中，达尔文希望某位身在马达加斯加的采集者会找到他所预测的昆虫。

并没有。

至少，在他活着的时候没有。

正是那个拥有巨量蝴蝶收藏的富有的银行家沃尔特·罗斯柴尔德，还有他的雇员，昆虫学家卡尔·乔丹（Karl Jordan），描述并命名了这种人们寻觅已久的昆虫，它是天蛾科的一个成员。标本是两位法国的野外昆虫学家寄给他们的。这种蛾子的身体并不很大，但确如预测所言，喙几乎有一英尺长。预言似乎确凿无疑了，但还有一道障碍需要跨过：没有人实际见过这种蛾子将喙伸进那种兰花的距中。

直到20世纪90年代，一位野外昆虫学家才在马达加斯加的荒野中拍到了这种行为。

所以达尔文是对的。

但他只说对了一部分。他的故事很棒，结局美好，无可挑剔。但现在人们发现，要讲明白关于这种绝妙的伙伴关系的整个故事，就需要微调达尔文对于喙的理解。蛾子和兰花的确是一对儿，但蛾子并不是从兰花里“吸食”花蜜的，至少，不是他预想的那种“吸”。

远远不是。

让我们快进到20世纪末，达尔文写那封信的一百多年之后。四岁的马修·莱纳特（Matthew Lehnert）住在密歇根州，[3] 有一天，他走进父母的卧室，看到一只巨大的蛾子从父母床上的枕头上爬过，努力地产卵。

尽管当时的莱纳特还是个小宝宝，他的未来却于这一刻展现在他面前。他的命运注定了：他将成为一名昆虫学家。

他掉进了兔子洞。

在六岁那年的万圣节，他穿了一件实验室里的白大褂，以免人们不把他的职业理想当回事儿。白大褂的背上写着大大的字：昆虫学家。这是个响当当的声明。

再长大些，他就去研究昆虫学的实验室工作了。当时他研究的是大鳌豹凤蝶，牙买加的特有种，也是西半球最大的蝴蝶，现在已经极度濒危了。接下来，莱纳特在一位研究蝶喙的首席科学家的实验室得到了为期两年的职位。

他很纳闷：蝶喙有什么需要了解的？就是根吸管呗。蝴蝶是用吸的方式进食的。挺简单的，他想，就像达尔文一百多年前想的一样。蝴蝶脑袋里的一个泵会把花蜜最终送到这只昆虫的肠道里。这也就花上两个月吧，他想，剩下的时间该干点什么呢？

十年后，他仍然在研究这个。事实上，他现在有了自己的实验室，还有一帮和他同样对蝶喙着迷的下属。问题就在于，这个器官并非像看起来那样，仅仅是一根简单的吸管。喙是一根吸管，这话没错，但又不完全对……很多人，包括功成名就的昆虫学家们，都把喙描述为这类昆虫用来“喝”的工具。

但更加准确的词应该是“吸收”。

科学研究表明，蝶喙就像是一张高度复杂的纸巾。

首先，蝶喙并不是像吸管那样从头到尾封闭的。当我给莱纳特打电话时，他说：“蝶喙实际上是有很多孔的。往一根吸管上扎很多眼，再吸吸试试——那就不好用了嘛。现在看来，蝶喙更像是一块海绵。”

我在脑海中想象着一块海绵擦。如果你把手放在一块海绵上挤压，再把它放进水里，松开手，释放压力，海绵就会随着扩张而吸水。用来泵或者吸的器官并非不可或缺：就算你只是把海绵放在橱柜面板上的一摊水上，海绵还是会把水吸干的。

就是这么回事儿，莱纳特肯定地说。这种昆虫要是想摄入什么东西，就把喙放在这东西上面。试想，把一张纸巾盖在弄洒的液体上面，你自己不用费任何劲儿，纸巾就会把液体都吸走。这就是蝶喙的工作方式。喙上面极小的孔吸收了这些物质，然后，瞧啊！它进入蝶喙，进入输送管道。不需要蝴蝶去吸。

它应用的是我们在小学就了解过的毛细管作用。我记得是三年级学的，当时我觉得那就像魔法一样。那个年纪，我已经明白了重力会让物体下落而不是向上。我也学过了地球生命基本的因果规律。一个东西不会无视重力而向上浮起，就算是风筝也需要风，还得有人拽着线。

然而，我的老师把一根细细的玻璃管插进了一个装满水的烧杯。接下来，看呐，水从细管里面升了上来。我和其余的三年级同学一起惊呼道：这不可能！老师给我们解释了气压的概念，说明气压越大，水就走得越高。这就说得通了，于是我可以回到基本原理，那就是，重力仍旧在发挥作用，生命的运转也还是合乎道理的。（我当时知道得很少，不过那是另一本书的内容了……）

毛细管作用在我们这个星球上举足轻重。你能用抹布擦干碟子，就全靠了它。是毛细管作用让水从植物的根移动到叶片。举个例子来说，没了它，我们国家也就没有红杉树了。

同样的力，使得花朵里的液体或者地上的一摊水移动到蝴蝶的喙里。动用身体力量去“吸”并非是必要的。事实上，身体根本不需要用任何力。因为喙里面的孔非常微小，液体能够轻易地在这些小孔里移动。正如你在科学课上看到的，水慢慢地沿着吸液管的内壁爬上去，升到了远远高于瓶中水位的高度，蝴蝶喙上的小孔把平面上的一滩液体转移到了喙的内部。

真是鬼斧神工。

然而——这一点也很酷——蝴蝶用这种方法吸收的不仅是液体。蝴蝶能够摄取干燥物质。在夏日散步的人都见过蝴蝶待在一块似乎很干燥的地方，比如一条小径、人行道或者石头上，似乎是在努力地吃着什么东西。可是怎么吃呢？那里看起来没有任何湿润的东西。这是怎么回事儿？

最有可能的是，那里有一些什么东西，我们看不到，但在这些昆虫眼里却是显而易见的。有一些散发气味的东西，可能是狐狸、郊狼或者狗撒尿后凝结的薄薄的一层盐分。我们也许注意不到这种宝贵的物质，昆虫却能通过高度敏感的触角轻易地察觉到。但这物质是干的。蝴蝶该怎样获取呢？

研究者们已经发现，蝴蝶会将喙放在这层盐分上面，唾液顺着喙管向下，通过那些小孔流出来。有了唾液的浸润，盐分溶解在液体中，再被喙吸入，带回到喙管里。这是个双向系统。它让我想起了 20 世纪 50 年代的科幻烂片：宇宙飞船降落到地球，放出“取物光束”，将毫无戒备的受害者化为一滩粒子，再将光束收回到飞船里面。这就是蝶喙。

不过，等等，还不止这些呢。

各种蝴蝶的喙的吸食技巧存在差别，这取决于它们吃什么食物。蝶蛾的取食设备极其精细。吸食植物汁液的蝴蝶与吸食花蜜的蝴蝶的喙有区别，与吸食血液的蛾也不一样。

君主斑蝶用来取食花蜜的喙，末端看起来十分光滑。翅膀并拢时像枯叶一样的长尾钩蛱蝶（*Polygonia interrogationis*）取食树汁，它的喙末端更像一把拖布，实际功能也像拖布。

吸食哺乳动物血液的壶夜蛾（*Calyptra*），喙末端长着箭头状的突起，可以刺穿皮肉，包括人的皮肉。昆虫学家詹妮弗 · 扎斯佩尔（Jennifer Zaspel）对此有第一手的了解。[4] 一年夏天，当她为了学位论文而在西伯利亚采集蛾类时，一种特别的蛾子吸引了她的目光。她用一个小玻璃瓶抓住了它。这种遍布亚洲大部的蛾子相当常见，被称为“吸血鬼”，但没人记录过它的吸血行为。就扎斯佩尔的全部所知，这种蛾子可能根本就是名不副实。

她把自己的手指戳进小瓶里。

这只昆虫开始用自己的喙试探她的手指。蛾子运用头部的肌肉刺穿了她的皮肉，然后开始往下钻，头前后摆动着。随着蛾子往她手指里越钻越深，喙末端竖起的倒刺像锯一样动作着。

“它们拉出来又插回去，”她告诉我，“差不多像是一根缝衣针。”

“疼吗？”我问。我很疑惑：“你为什么这么做？”

在非洲长期生活后，我对那些想要钻进身体的昆虫有着本能的疑虑，避之唯恐不及。以我的经验，这样的昆虫可没安好心。

“感觉不好。过了一会儿就开始疼了。”她回答说，“我也不知道为什么这么做，只是好奇而已。真的就这么回事儿。”

“你还会再来一次吗？”

“不知道，”她答道，“看吧。”

说这句话的时候，她的声音听起来有点憧憬，她似乎并不觉得可怕，还想再试一次。

我给她讲了几位著名科学家，包括达尔文的事情，他们差点因为把虫子放进嘴里而死掉。

“至少，你冒的是大师级别的险。”我说。

扎斯佩尔怀疑，她抓的那种蛾子并不以血肉为食，而是吃果实的。这种昆虫需要锯子一样的喙尖来穿破果实厚实的表皮。它刺穿皮肉的癖好，或许只是一种本能的副作用。

马达加斯加一种喙末端有倒刺的蛾子近来被目击到取食正在睡觉的鸟的眼泪。据科学家们说，一副“钩子、倒刺和尖刺的武装”使得这种蛾子可以刺穿鸟儿紧闭的眼睑，并在吸走眼泪的同时给喙“下锚”。真阴险啊。这个过程中，鸟往往一直睡着，似乎没有受到伤害。科学家们据此推断，蛾喙可能输出了某种化合物，甚至是麻醉剂或者抗组胺剂，让鸟儿一直沉睡。

不仅是鸟类的眼泪被取食。在泰国，还有取食人类眼泪的蛾子。在这个过程中，“人会感到疼痛”，[5]我在探讨这个现象的一篇论文中读到。

我打赌，他们肯定疼。

可是话说回来，蝴蝶和蛾子为什么要吃眼泪，或者昆虫学家的血，甚至树汁呢？我以前一直以为蝴蝶喝的是花蜜，仅此而已。我又错啦。

除花蜜以外，鳞翅目昆虫的食物清单令人惊诧、幻灭，还有点恶心，甚至令人毛骨悚然，其中包括：粪便、腐败的植物、鸟粪、鲜果和烂果、破碎的花粉、血液、腐肉、其他鳞翅目昆虫（最好是死虫子，但没死的也行）、毛虫、植物汁液、人类汗液、尿液、蜂蜡、蜂蜜、毛发。

和我们一样，这些昆虫需要像盐分和蛋白质这样的“补给”。对雌性来说尤其如此，因为它们必须产下坚韧的卵，这些卵会存活、发育，成为下一代。另一方面，据鳞翅目昆虫学家大卫·詹姆斯（David James）所说，有些种类多为雄性觅食，而有几种蝴蝶，雌性根本就不觅食。幼虫的使命，就是狼吞虎咽地吃掉生存必需的营养品，吃得越多越好，以便储存起来供未来之用，但飞行的成虫同样需要采集自己所需的营养物质。

一如往常，此事也有例外。改变了四岁的马修·莱纳特的未来的那只雌性刻克罗普斯天蚕蛾（*Hyalophora cecropia*），在会飞的生命阶段什么也不吃。它唯一的任务就是繁殖、产卵，这样一来，它只能活一周左右。因此，它没有喙。为什么要浪费能量，去长出一个用不到的器官呢？

“吸坑”—— 待在地上，吸食一些人眼不可见的东西的习性——很久以前就被注意到了，却令科学家们很困惑。我们假设蝴蝶和蛾子通过这种方式多多少少吸到了一些液体，但是，这些昆虫“吸坑”的地方有时并没有小水坑，这些事情就说不通了。接着，莱纳特与他的同事彼得·阿德勒（Peter Adler）和康斯坦丁·科尔涅夫（Konstantin Kornev）开始用最新一代的高倍显微镜研究蝶喙，[6] 由此发现了这些神奇的小孔。

对于这项意料之外的进展，我们很大程度上要归功于一个风和日丽的下午，两个在南卡罗来纳州野外追逐蝴蝶的小女孩。[7] 材料工程师康斯坦丁·科尔涅夫看着他的女儿们在大自然中玩耍。他注意到她们被蝴蝶吸引，便帮助她们去更加仔细地观察。接着，他自己也好奇了起来：蝴蝶为什么会吃这么多种不同的食物？它们能喝水，能吸花蜜，也能对着蜂蜜这种不易流动的黏稠液体美餐一顿。它们是怎么做到的？你可以用吸管去吸水，甚至吸富含糖分的花蜜。（出于传统的认知，科尔涅夫当时还认为蝴蝶的喙是一根吸管。）但如果你用吸管吸蜂蜜，就够呛了，树汁亦然。

科尔涅夫接着问了自己一个问题，不可思议的是，从没有科学家（即使是查尔斯·达尔文）这样问过：到底发生了什么？伟大的科学发现往往是这样产生的：专注于一些看起来如此简单、如此直白、如此显而易见，以至于没人会去思考的事情。科尔涅夫的专业是以自然界中的发现为模型发明新材料，这个专业对他的工作也很有帮助，他所受的训练让他倾向于在微观层面上思考天然物质。

如果没有面对一道完全不同的难题——该怎么打发一群要在他的实验室度过两星期暑假的高中生——他的好奇心可能就到此为止了。学生们想研究一个科研课题，希望在两周内完成；而且，他们还想搞些别人没有做过的研究。

异想天开。

科尔涅夫想起了那些蝴蝶。为什么不让学生们录下那个科尔涅夫当时认为是“吸”或者“喝”的过程呢？你可以在桌面上滴几滴含糖量各异的水，然后在蝴蝶旁边放一台摄像机。接下来，将影片慢放，你就可以看看蝴蝶们到底在干什么了。

当科尔涅夫和学生们发现喙的末端并没有如预先以为的那样深深插进液滴里面时，他们去搜索科学文献，以了解更多细节。

他们一无所获。“饮水吸管”的认知一统江山。我们全都不假思索地接受了这个想法。科尔涅夫与生物学家彼得·阿德勒组成了团队。马修·莱纳特作为研究生被招进来。他们开始更深刻地思考进化问题。一只身躯较小的昆虫怎么能储存起足够的能量，让液体沿着它那猛犸象鼻子般的长喙移动那么长的距离呢？这说不通啊。

根据液体输送的物理规律，达尔文预测的那种长着超长巨喙的天蛾理应无法完成的事情，它却显然能做到。试想,你通过一根长度是你身高好几倍的吸管去吸一种液体，哪怕你真的做到了，吸食所需要的能量也会大大多于你从食物中获得的能量。那将产生净损失，而不是净收获。这太不经济了。

这个团队发现，进化给出了一个解决办法：微液滴。液体以极其微小的液滴形式从喙中向上移动，中间夹杂着一个个气泡。以这些相互分离的“包裹”来运输液体，大大减少了摩擦力，这意味着所需的能量也大大减少了。该团队将这个全新的思路应用在人造纤维技术上，通过模拟大自然的解决办法，该技术可以在很多医疗领域做出贡献，比如基因转移和创伤愈合。

阿德勒、科尔涅夫和莱纳特同样对扎斯佩尔的壶夜蛾感兴趣。这种蛾子究竟怎样吃到扎斯佩尔的血？血液是很黏的。如果你在凶案现场踩到一摊血后试图逃跑，那么追踪到你并不难。当然，你会留下脚印。何况随着鞋底的血开始凝结，你的脚步还将发出声响，离开犯罪现场时很容易被人听到。

壶夜蛾怎样防止喙被卡在自己制造的创口中？当喙卷起和打开时，它是如何防止粘连的？还有更有趣的：喙上面那些液体流动必经的小孔如何避免被凝结的血液堵住？

“我对研究唾液的分子性质很感兴趣，想看看有没有可能据此开发出促进血液流动的基因产物，”[8]扎斯佩尔解释道，“在一个既能输送花蜜又能输送血液的物种身上，有些东西派上了很大的用场。还有很多需要了解。什么样的结构改变能从内外两方面使输送进行得如此顺利？”

可能存在某种特定分子或化合物，壶夜蛾借此防止喙被血液堵住。如果是这样，那么科学家想要知道这种物质是什么。这远远不止是闲暇之余的心血来潮。理解血液是如何通过蝶喙的微管被运输的，并了解此前未被发现的新的抗凝血剂，可能成为医疗科技重要突破的基础。举个例子，进行长时间手术的外科医生对付“黏糊糊”的血液的压力就会得到缓解了。

所有这些多样性——其中有些可能对人类产生深刻裨益——是花扩散的结果。“直到开花植物出现之前，”莱纳特告诉我，“蝶喙都很短，像个树桩，肉乎乎的，它能够取食暴露在外的含糖液体和水滴。”[9]开花植物出现之后，这些有喙的飞行昆虫变成了在当今世界陪伴着我们的华美的蝴蝶。就进化的历史而言，这只是一瞬间的事。

这使我好奇：关于这些昆虫的远古历史，我们知道多少呢？

03 天下第一蝶

The Number One Butterfly

出乎意料的是，像蝴蝶这般精致的生物能够以一种可以识别的状态，被保存在硬化的淤泥和黏土形成的地层中。[1]

——塞缪尔·哈伯德·斯卡德（Samuel Hubbard Scudder），《脆弱的天空之子》（*Frail Children of the Air*）

大约 3400 万年前，[2] 在正在隆起的落基山脉东侧，一条河流从北向南，穿过了一个高海拔山谷。河岸两边矗立着红杉林，其中很多的胸径超过 10 英尺。高耸的树冠层足有 200 英尺高。

在这座天然的巴黎圣母院的庇护下，蝴蝶飞舞着。[3] 美艳的小红蛱蝶愉快地生活在这个原始世界，形态与现在常见的小红蛱蝶相似。这里也有其他的鳞翅目昆虫——物种繁多——还有各种各样的蜘蛛、螽斯、蟋蟀、蟑螂，以及白蚁、蠼螋和水生昆虫。采采蝇滋扰着野生动物，它的个头有现代非洲的采采蝇的两倍大。土蜂捕杀着其他的昆虫，毫不犹疑地猛扑向鳞翅目幼虫。蜜蜂也在这里出没。事实上，在某些方面，这整片天地与我们生活的世界极其相似。

哺乳动物应有尽有。有家犬大小的三趾马，还有马类早已灭绝的近亲，犀牛大小的雷兽。有岳齿兽，那是与我们现代的猪和鹿有着远亲关系的偶蹄动物。鸟类——几千万年前就已消失的恐龙的后裔——在天空中到处飞着，响亮的尖鸣声与树叶的沙沙声混作一团。和现在一样的负鼠，采食着取之不尽的昆虫。

这一派欣欣向荣的景象，都是由种类丰富的植物群落支撑的。这里有胡桃和山核桃树，棕榈、蕨类、杨树和柳树沿着河岸边的潮湿地带生长。动物的食物来源包括漆树和茶藨子树丛，还有野苹果树和豆角，甚至还有接骨木果。这里的气温大致与今天的旧金山相当。

然而生活并不容易。在这个看似天堂的地方的几英里*外，坐落着几座危险的火山，它们会周期性地爆发，岩石和矿物质的急流从山坡汹涌而下，堆积在山谷里。这些熔化的地质残渣像水泥一样包裹着山谷里的生物，在红杉树的脚下冷却硬化。残渣围绕着树木伟岸的树干堆积起来，高达 15 英尺，让树根窒息，杀死了这些树。

* 1 英里 ≈1.61 千米。——编者注

地壳构造运动极其剧烈，某一刻，一场喷发使得岩浆沿山而下，阻断了水流。一条大坝出现了。

一个浅湖覆盖了这片土地，并持续了千百万年。

也许，落在湖面上时，那只蝴蝶还活着，它的翅膀张开，就像是被孤苦伶仃的赫尔曼·斯特雷克采集并做成了标本一样。如果活着，它为什么不再飞走呢？它是卷进了一阵狂风，被拍在湖面上再也无法动弹吗？在水的表面张力下，它多少挣扎过吗？或许它陷在了水藻丛表面的某种黏液中无法脱身？

无论出于什么原因，这只完美的小蝴蝶都慢慢地沉了下去。尘埃一层层地不断堆积，覆盖住了这只蝴蝶。这只昆虫每个细胞都化成了石头。它的特征保存得极为完好，即使在几千万年之后，仍然可以分辨出这只蝴蝶的每个鳞片，看到它那曾经闪耀着光泽的翅膀上的一些花纹。有朝一日，现代技术甚至可能为我们展现它的真实色彩。

在这只远古蝴蝶落进的湖泊里，人们还发现了很多除这只瑰丽蝴蝶以外的化石。经年累月沉积下来，层层相叠的泥土和有机物质形成了科学家所说的纸状页岩——直到今天也不是很硬的超薄岩层。如果你小心地将这岩层敲开，就能看到保存在湖底的那些生命的细枝末节，甚至是鱼鳞的细节、采采蝇的吸血工具，还有昆虫——也许是毛毛虫吧——在植物叶片上取食留下的窟窿，以及木贼（蕨类植物的一个生存力更强的表亲）茎节连接处的细部特征，再加上保存完整，以至于现代科学家能够鉴定出其物种的花粉。鱼类、水生昆虫和植物叶片十分常见，但有几项发现的罕见程度几乎无与伦比。

那只蝴蝶——现在称为冥后古蛱蝶（*Prodryas persephone*）——就是一个这样的发现。它的细节如此精确，发现它的人和为它命名的科学家，还有蜂拥而至的维多利亚时代的爱好者们，都为它那纤毫毕现的清晰度所折服。甚至纤细的触角也在，死亡时略微向左弯去，但末端仍然鼓成棒状，和现代蝴蝶的触角一样。一些科学家推测，连它的喙也保存了下来，但要找到它就必须破坏化石，查看头部的下面。也许，一些新技术终将为我们呈现头部下面那根卷起来的喙管。

古蛱蝶飞到了现在叫作科罗拉多的地区，出现在一个现在叫作弗洛里森特镇（Florissant）的地方，就在一段我们现在称为始新世的翻天覆地的时期结束之前——那是黎明的时代，一个在恐龙灭绝之后，现代哺乳动物第一次出现在地球上的时代，开始于大约5600万年前，延续到将近3400万年前。

这只蝴蝶生活的时间，是我们星球上一段格外温暖多雨的时期的最后一瞬，地球如同一个培养皿，各种生物实验如火如荼，各种新的生命形式不断涌现，已知最早的马和最早的真灵长类动物，以及其他众多新的哺乳动物都是在这一时期演化出来的。

这也是一个开花植物传播至各地的时代。蝴蝶同样扩散到世界各地去享用花朵了吗？似乎有可能。我们知道，蝴蝶在始新世之前很久就出现了，很可能曾在白垩纪恐龙的脑袋周围飞来飞去，但它们在这个炎热的时代是否经历了一次猛烈的进化加速呢？也许吧。我们还没有证据，形成化石的蝴蝶格外稀少。哪怕发现一块翅膀残片，都值得庆祝。

弗洛里森特的重要之处就在于此。这个地方有很多可识别的蝴蝶化石——可能有 12 个物种——比世界上任何其他化石埋藏点都多，但没有比古蛱蝶更精细的。除了这块完美的化石之外，我们在全世界范围内发现的蝴蝶化石大多是残片：一点点翅膀碎片、鳞片、琥珀中封存的残留物。

弗洛里森特的蝴蝶是独一无二的珍宝。当它被发现时，整个世界都发出了惊叹。

从那只蝴蝶落在湖面上之后，几千万年过去了。世界变冷过，世界变热过。更新世的冰期一次次来了又去。

有些蝴蝶种类为了适应气候变化而进化，只在天气足够暖和，便于展翅飞翔的夏天出没几个星期，接着便找个地方安稳地潜藏下来，度过一年中寒冷的时间。其他种类则将活动范围移到了比较舒适的地区。

弗洛里森特的蝴蝶看来就是其中的一员。要是你现在看到弗洛里森特蝴蝶出没，那肯定也不会在科罗拉多。相反，它将栖息在更加温暖潮湿的热带地区，那些环境与当时的弗洛里森特相似的地区。

大约1.5万年前，当最早的人类来到弗洛里森特山谷时，他们一定被化为石头的红杉林震撼了。在赫尔曼·斯特雷克的时代，寻找化石的欧洲人来到了这个地点。关于他们奇迹般的发现的消息传遍各地，从纽约、波士顿到伦敦和巴黎。以《世界奇观》为标题的童书以这些树的图片作为主打。小时候，一位年长的阿姨就送了我这么一本书，我读了很多遍。

科学家们的心被这些变成化石的红杉树俘获了。1871年，一位来自纽约州康奈尔大学的收藏家西奥多·米德（Theodore Mead）经过这里，[4]采集了几块化石带回东部。科学家们很喜欢眼前的这些东西。消息传开了。几年后，第一支科学考察队就来了。其他科考队也接踵而至。

据古生物学家柯克·约翰逊（Kirk Johnson）所说，这个地区是“美国古生物学的圣地”。[5]找到植物、昆虫等小东西的化石容易得令人难以置信。铁路修通了。19世纪末的游客们会掏钱乘火车参加“野花之旅”一日游，火车从科罗拉多斯普林斯市（Springs）一直开到山谷里。付了钱的人可以采集化石，并作为纪念品带走，包括石化树木的碎片。

人们什么都拿。一位地主用大段的石化树干为度假屋的壁炉建造了炉膛。一位企业家甚至试图切下一棵石化红杉的树桩，把它带到1893年的芝加哥世界博览会上。这项尝试失败了，因为锯条卡在了石化的树干里。它到现在还在那儿呢。

一天，娱乐公园产业大亨沃尔特·迪士尼（Walt Disney）

来到这里。[6]随后他买下了其中一棵石化红杉的树干。这棵重达5吨、周长7.5英尺的树干，现在就在加利福尼亚州的迪士尼乐园里，靠近金马掌沙龙冰淇淋店。

早期的科学家、游客和企业家没有发现这块蝴蝶化石。这项荣誉属于一位来此定居的女子，她13岁结婚，有7个孩子。1849年，夏洛特·科普伦·希尔（Charlotte Coplen Hill）生于印第安纳州，几年后随家庭西迁。她于1863年结了婚。1874年12月，这对夫妇在弗洛里森特安了家。25岁的夏洛特已经是很多孩子的母亲，此时就快要当祖母了，她有着超越自己年龄的成熟。

她意识到了自己脚下的东西的重要性和价值。1880年，夫妇俩申请了正式的土地产权。他们可以在此放牛、种庄稼，并且建设自己的大牧场。然而远在此时之前，夏洛特就对远古湖床中封存的生态系统产生了兴趣。石化的红杉林想来是不可能被忽视的，也许在长日将尽，她闲下来埋头找寻时，常常发现印在两层纸状页岩之间的叶片或者昆虫。无论如何，等到后来的科考队来到她的山谷时，她已经建起了一座小型的古生物博物馆。研究者们发现，她拥有“整盒整盒精致的纸状页岩，上面覆盖着极为完美的昆虫印记”。[7]

不难想象他们垂涎欲滴的样子。她的工作十分优秀，早在1883年，就有一种化石蔷薇——希尔氏蔷薇（*Rosa hilliae*）——以她的名字命名。研究者们十分仰仗她。至少有一位科学家——北美洲古植物学的先驱之一里奥·莱克勒

（Leo Lesquereux），是从未来过弗洛里森特，而依靠夏洛特·希尔给他提供新的植物化石来描述物种的。哈佛大学的塞缪尔·斯卡德，一位求蝶若渴的鳞翅目昆虫学家，同时也是古生物学家，曾短暂造访山谷，他看到夏洛特的工作，便意识到自己只需直接向她购买想要的化石，不必亲自去做野外工作了。

斯卡德从未公开承认过她对自己科学工作的贡献，这令夏洛特的一位超级粉丝，弗洛里森特的当代古生物学家赫伯特·迈耶(Herbert Meyer)颇感不平。[8] 迈耶形容她是自学成才，对她的世界深感兴趣。他猜想，夏洛特作为一位忙碌的农场主，让自己的孩子们也加入了搜寻工作，鼓励他们寻找埋起来的宝藏，就和今天的孩子们玩寻宝游戏一样。

在当时，没有人知道这些化石的真实年龄。他们知道弗洛里森特代表着“很久以前”的生命，但科学尚未能推测出我们这个星球数十亿年的历史。直到 1908 年，古生物学家西奥多·科克雷尔（Theodore Cockerell）发表了一段对于夏洛特的土地的热情洋溢的描述，将它传神地比作庞贝古城：“在远古时代——比方说 100 万年前吧——这条山谷中有一个美丽的湖泊，弗洛里森特湖。[9] 水体可能有九英里长，但是很窄，树木茂密的岬角处处压向湖面，湖岸线参差不齐。小小的岛屿星罗棋布，岛上长着高大的红杉树和其他植被。就是这样的一个地方，它一定会让费尼莫尔·库柏（Fenimore Cooper）和他笔下的皮袜子系列故事的主人公心旷神怡的。”

现如今，100 万年前对于古生物学家就像是昨天一样。如果你当时向他说明，这片 15 平方英里的湖床已经有 3400 万年了，他一定不会相信。那时几乎没人能够设想如此巨大的时间跨度。

当古生物学家、活蝴蝶的狂热爱好者，哈佛大学的塞缪尔·斯卡德收到这块化石时，他知道自己中了一份大奖。这只蝴蝶“如此完好，乃至于它的鳞片清晰可辨”，[10] 他兴奋不已地补充说，这是美国首次有这样的发现。1889 年，他发表了《弗洛里森特化石蝴蝶》（*The Fossil Butterflies of Florissant*），十年后出版的童书《脆弱的天空之子》也讲述了弗洛里森特的化石。至少有一位年轻读者弗兰克·卡朋特（Frank Carpenter），看过这本书后选择了古生物学作为职业：“里面还有一张科罗拉多弗洛里森特页岩里的化石蝴蝶的图片，翅膀张开，彩色斑纹一应俱全。看到它时，我的眼睛都睁大了。父亲下班回到家，我对他说，我想做的事情是研究昆虫化石。”[11] 卡朋特后来成了北美洲古生物学的领军专家之一。

1837 年生于波士顿的斯卡德，直到 16 岁进入马萨诸塞州西部丘陵地带的威廉姆斯学院时，才成了一个蝴蝶迷。他的父亲经营着一份不大不小的生意，是一名成功的商人，哥哥是个传教士。无论如何，他的人生走向都不是成为科学家，但蝴蝶改变了这些。在威廉姆斯学院，他遇到了另一位学生，对方给他看了一盒 20 只左右的从附近采集的蝴蝶标本。我只能去想象，第一次看到那样的色彩时，他大脑中的视觉神经元是如何火花四溅的。

“我做梦也想不到，”斯卡德后来写道，“世上竟会存在如此美丽的东西，起码在家乡是不可能的，我也没想到这么多不同的种类竟会出现在同一个地点。”看过那盒标本后，他立刻便开始收集自己的标本了。有次抓到一只特别稀有的美丽蝴蝶时，他兴奋地借莎士比亚的诗句来抒发心情。

离开威廉姆斯学院后，斯卡德前往哈佛，师从生物学家路易斯·阿加西（Louis Agassiz），并彻底吸收了他的反进化主义思想。最终，他创建了古昆虫学的美国支系。斯卡德将夏洛特·希尔发现的蝴蝶命名为 *Prodryas persephone*，赋予了它自己的属名和种名。他把它放在了专属的木质标本盒里，给它编上了目录号码“1”。他为它深感骄傲，以至于 1893 年将它带到了伦敦，在皇家昆虫学会进行展出。

然而奇怪的是，他似乎一度想以 250 美元的价格卖掉这块化石。[12] 1887 年，一份名叫《加拿大昆虫学家》（*The Canadian Entomologist*）的期刊的第 120 页出现了一则题为“出售蝴蝶化石”的广告，原文如下：“为了给即将面世的关于新英格兰地区蝴蝶的作品绘制更加全面的插图，下述物品以 250 美元出售，产自科罗拉多的保存极好的化石蝴蝶，*Prodryas Persephone*（原文如此）……全世界已知的化石蝴蝶标本不到 20 号，此枚是迄今为止最完美、保存最好的。”

这桩交易充满了谜团。他为什么要卖掉这样的珍宝？没人知道。赫伯特·迈耶指出，出售的可能只是化石的一部分。也许他需要钱。关于这样的事情，现在会有记录保存下来，但在维多利亚时代，古生物学方面的细枝末节是无关紧要的。

无论这次有意为之的出售是出于什么原因，它都没有成交。斯卡德的化石仍然完好无损地待在马萨诸塞州的剑桥，哈佛大学的一个地下保险库里，离它曾经生活的地方超过2000英里。它的目录编号依旧是一号。

在夏洛特·希尔挖出古蛱蝶将近150年之后，我去哈佛献上了自己的敬意。

这只触动了无数人灵魂的著名蝴蝶，如今被安全地封存在我所见过的最干净的一个化石储藏区里。大多数化石博物馆和储藏区都很老旧，布满灰尘，让我想起祖母家的阁楼。但哈佛这里可是崭新的，一尘不染。我趁没人注意，用手指抹过平面检查。没错。这个地方和医院一样干净。

我的导览人是里卡多·佩雷斯-德拉富恩特（Ricardo Pérez-de la Fuente），一位来自巴塞罗那的平易近人的科学家。我们走过地下室的大厅，穿过一扇新安装的玻璃门，又沿着长长一排锁起来的标本柜往前走去。打头第一个柜子里，便是那枚镇馆之宝，蝴蝶一号。

斯卡德从弗洛里森特带到哈佛的所有蝴蝶都被这样供奉了起来。第二号化石就是弗洛里森特的蝴蝶中其次重要的

1. 玛利亚・西比拉・梅里安的画像。JACOB HOUBRAKEN 绘，荷兰国家图书馆收藏

2. 梅里安《苏里南昆虫变态图谱》中的蝴蝶插图

3. 西印度樱桃枝干与阿喀琉斯蓝闪蝶，梅里安绘

4. 天堂凤蝶，插图出自爱德华·诺多万《印度昆虫志纲要》

5. 威廉·休伊森《异域蝴蝶图谱》中的蝴蝶插图

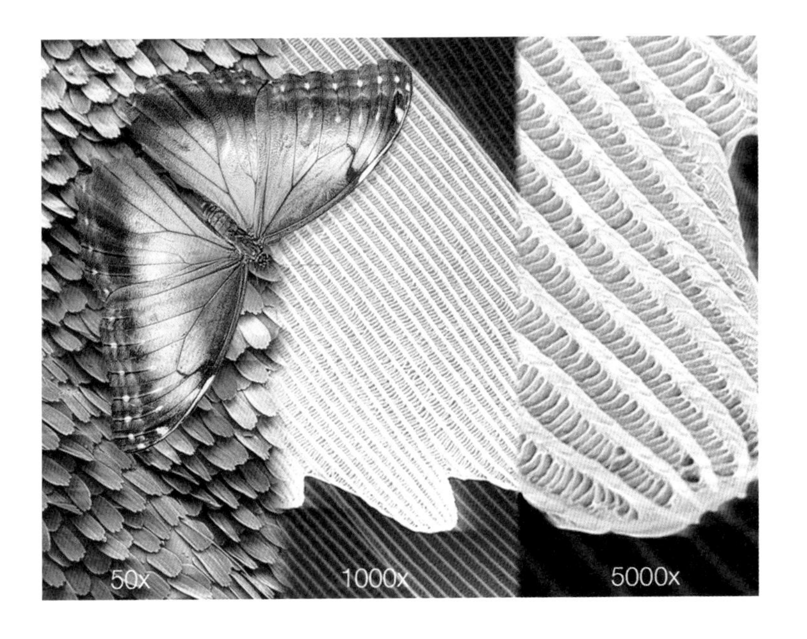

6–7. 蓝闪蝶及其显微镜下的鳞片

8-9. 蓝闪蝶蝶翼的正背面大不相同，正面为闪光绚丽的蓝色，背面呈现为一定数量的灰褐色的眼斑。

10. 纳博科夫的蝴蝶标本收藏 @ wikicommons

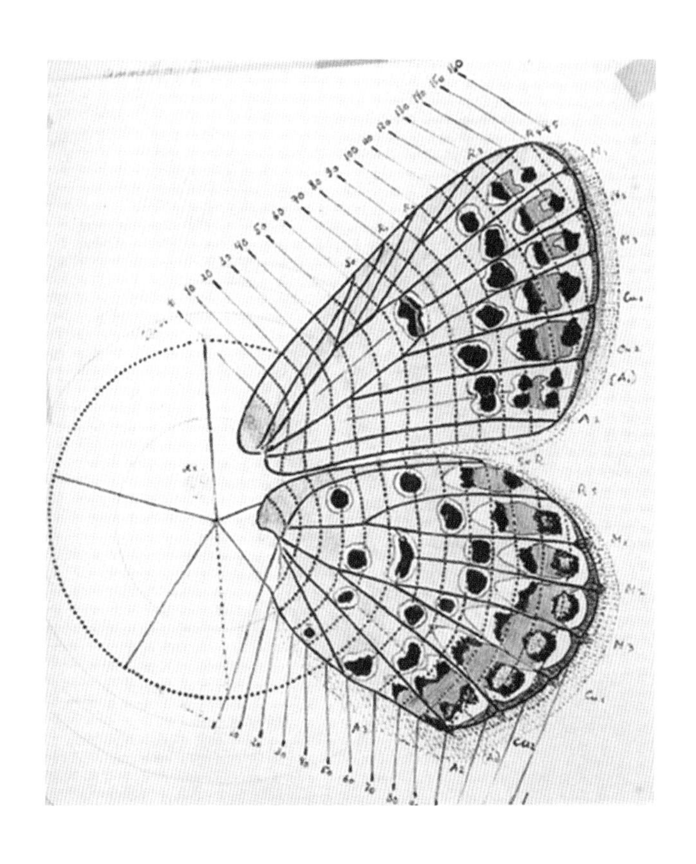

11. 纳博科夫绘制的布满斑点的卡纳蓝蝴蝶，上面是他为做个人标记而开发的标度 - 行分类系统。纽约公共图书馆藏品

12–13. 显微镜下的蝴蝶鳞片

14–15. 集体越冬的君主斑蝶

16. 中国国家动物博物馆的蝴蝶标本展藏，私人摄影（1–6）

那枚，后面是依次存放的其他化石。

我天生不喜好什么偶像崇拜，已经准备开始提出质疑了。但当佩雷斯-德拉富恩特打开柜子拿出那枚标本时，我还是吃了一惊。我的情感反应是适度的敬意。

古蛱蝶仍然封存在那个很久以前为它而做的玻璃面木制标本盒里。我们就像对待文物一样小心翼翼地捧起它。我透过玻璃欣赏着它。接着，我们把它拿到了另一个房间。

我开了一个关于把它掉在地上的很没品的玩笑，对方报以礼貌性的笑，其中的意思很明显：我不该说这样的蠢话。

我们在显微镜下观察这块化石。鳞片是可以看见的，贯穿翅膀的翅脉也相当清晰。（它们不是人类理解中的血管，而是运输氧气和支撑蝴蝶翅膀的结构。）我们又观察了从头部延伸出来的，络腮胡子一样的细小毛须。

我喜欢看石头上蝴蝶周围的划痕，修理匠人从薄如丝绢的覆盖层中缓慢而耐心地将这块化石剥离出来时，留下了这些痕迹。修整这块化石一定令人既兴奋又害怕吧。那位修整者——是夏洛特·希尔？——一定是以近乎外科手术般的精准，仔细地去掉了这块珍宝上面的覆盖物。若是下手重一点，她就会碰掉蝴蝶本身的一些部分。这只蝴蝶每侧翅膀上各有一个小尾突，不像今天一些凤蝶的尾突那么长，但是也很容易看到。其中一个尾突完好无损，另一个的末端则不见了，是有人处理标本时不小心碰坏了吗？

我评论说，处理这块珍宝的那双手得很稳才行。

“世界上有两个职业必须具备这样稳健的双手，” 佩雷斯–德拉富恩特答道，“神经外科医生和昆虫学家。”

“它都有哪些颜色啊？”我又问了一遍。我有些遗憾，真希望能看到它在远古世界中活生生的样子。

“古生物学中充满了不确定性。”他回答，“而其中美好的一面正在于，我们接受这种不确定性。”

随后他又说：“这只蝴蝶对这个领域产生了伟大的影响。它是一枚引领人们发现更多珠宝的珠宝。这就是生命。这就是科学进步的方式。它是一个美丽的概念。”

全世界将近三分之一已被描述的蝴蝶化石来自弗洛里森特，至今已有至少 12 个不同的物种被命名。有位科学家曾将这片湖床称为“昆虫世界的庞贝古城”。[13]

然而这个化石点几乎被 20 世纪 60 年代的房地产开发给毁了。[14] 弗洛里森特山谷是一个完美的度假胜地，这里有打猎和钓鱼的好去处，有绿草如茵的徒步区域，有可以骑马的小径，有适合游泳和划船的湖泊。在山谷的南端，小型地块上盖起了尖顶房。地产投机商们四下探寻着。

与此同时，1959 年，国家公园管理局开始研究这个地区，评估它是否应该成为国家级遗产地。60 年代早期提交的报告中提出了保护化石岩床的建议——此事从 20 世纪初就开始讨论了，但从来没有落实过。现在，小地块上出现的小房子拉响了警报。古植物学家哈里 · 麦吉尼蒂（Harry

MacGinitie）告诉民选联邦官员，虽然这块土地不是很适合耕种，“但作为地球模糊不清的历史中的一页，它是无价的……没有什么可与之相提并论”。[15]

一位建立保护区的拥护者担心，山谷已经成了“经济上的诱惑”。自然保护主义者和科学家参与了进来，包括古植物学家埃斯特拉·利奥波德（Estella Leopold），她的父亲是著名的《沙乡年鉴》（*A Sand County Almanac*）的作者奥尔多·利奥波德（Aldo Leopold）。委员会对于联邦政府土地保护提案的讨论陷入了胶着状态。

支持土地保护的观点很有说服力：在化石岩床上盖房子就是“地质学层面的焚书行为”，好比“用死海古卷包鱼”[16]或者“用罗塞塔石碑磨玉米粉”[17]。

这些说法站住了脚。国家级的报纸报道了这个故事。伟大的政治漫画家帕特·奥利芬特（Pat Oliphant）画了一个长得像恶棍斯奈德利·威普拉什（Snidely Whiplash）一样，开着推土机的开发商，还有一位肌肉发达，看起来像大力英雄保罗·布尼安（Paul Bunyan）的环保拥护者。在《纽约时报》1969年7月20日的一篇报道《美国化石岩床无人保护——政府在弗洛里森特并购案中难有作为》中，一位科学家说道：“在宇宙这本大书中，关于这个主题，（弗洛里森特）这一卷是无可替代的。”当年夏天，《丹佛邮报》的一篇头版文章的标题是：《弗洛里森特项目依旧搁置》。

然而，等到夏末，推土机已经蓄势待发。女人和孩子带着野餐篮和铺盖卷来了。他们的计划是用血肉之躯包围这些机器。

奇怪的是，这些推土机始终没有开动。司机们耽搁在路上的一家酒吧里，可能由于一些神秘的原因，那里开放了免费畅饮。直到今天，也没人知道这是怎么回事。也许他们不想面对那些女人和孩子，也可能有些人脉宽路子广的家伙说服了这些司机再喝一杯啤酒。

而就在投机商们准备不管不顾地继续推进时，联邦政府的决议来了：弗洛里森特将成为一处国家级遗产地，禁止开发商进入。环保事业的支持者，同时也是环境保护局事实上的创建者，共和党总统理查德·尼克松（Richard Nixon）于 1969 年 8 月 20 日签署了建立弗洛里森特化石岩床国家级遗产地的议案。

其他地方也出产过相似的化石。附近有一块私人所有，向公众开放的土地。在弗洛里森特化石采集场，人们将小块的页岩从山脚切割下来，拿到野餐桌上。以每小时 10 美元的价格，孩子们便可以进场，将岩片分开，一睹里面可能存在的生命。

在罕见的情况下，会出现一些真正的极品。任何具备真正价值的东西必须被移交给权威专家，但标本会附上发现化石的孩子的名字。校园团队经常来这里。有个孩子剖开了一块页岩，在里面发现了一只完整的变成化石的鸟。

在科罗拉多其他地方，更远一些的北部和西部，有更加古老的化石。源自大约 5000 万年前的绿河化石和弗洛里森特化石一样，保存在一层层的页岩之间。[18] 但两者的相似性也仅限于此。这些化石毫无疑问是蝴蝶，却更加破碎，并且四散分布在一片像今天的五大湖一样占地几百万英亩 * 的广阔的古代浅水湖系中。犹他州、怀俄明州和科罗拉多州都有绿河化石的发掘点。

由此，我们知道蝴蝶在 5000 万年前就并非罕见了。而丹麦的琥珀蝴蝶化石更是可以追溯到 5600 万年前，由此可知，蝴蝶那时就已经存在了。但没有人确切地知道，蝴蝶到底有多古老。

古生物学家广泛认可，大约 1.4 亿年前的第一批开花植物推动了蝴蝶的演化。研究蝴蝶与开花植物的协同关系的专家康拉德 · 拉万代拉（Conrad Labandeira）认为，可能直到最早的开花植物出现之后很久，蝴蝶才广泛扩散开来。“最早的花是碗形的，”他向我说明，“它们并不需要有长喙的动物。”他讲道，慢慢地，千百万年过去，花朵与蝴蝶的喙之间的对应特征越来越明显——直到配对关系达到了达尔文所记录下的极致。

开花植物刚刚进化成形之时，蛾类已经存在了至少 5000 万年。拉万代拉和几位同事在中国一个 1.6 亿年前的岩

* 1 英亩 ≈4047 平方米。——编者注

层中发现了早期蛾类的化石证据。这些蛾类已经演化出了原始的喙，它们以此取食裸子植物，包括像松、柏和红杉这样的针叶树产生的甜美的传粉滴。种过这类树的人都知道，它们在春天会释放极多（有时可以说是过剩）的花粉（在我的院子里，这些花粉是胆汁色的），这些花粉会迅速覆盖附近的一切东西（包括我那辆鲜红色的普锐斯）。

产生的花粉如此之多，多数都被浪费了，这会消耗很多的能量。开花则是一种大为进步的繁殖策略，随着几千万年的进化，花朵变得越发复杂。这样的变化，同样也为传粉昆虫所经历。

花与虫精确的配对关系，如今被称为“忠实性传粉”。其中暗含的与婚姻之间的关联并非偶然。当一种花能够引诱一种特定的蝴蝶或蛾子时，这种花就能够以小得多的能源损耗成功进行繁殖。

花朵吸引蝴蝶，这没什么稀奇的。拉万代拉指出，从 4 亿多年前最早的昆虫出现开始，植物在进化的过程中，至少 13 次诱导各种各样的昆虫为了满足植物的需求而演化出长长的喙管。拉万代拉说明，这些关系远非对抗性质，反而很可能是你情我愿的。

“蝴蝶与植物宿主间的许多关系，曾经被认为是对抗性的博弈，如今证明其实是互利的。”他告诉我。你为我好，我也为你好。

所以，事情的真相是，达尔文发现的兰花与蛾子间的配对不是巧合。反之，那是植物对天真的昆虫一遍又一遍使诈而终于得逞的结果。

别忘了，植物并不总是温和的规则制定者。有些兰花会采用残忍的诡计，引诱蜜蜂进入它们的老巢。原来，外表最放荡的兰花的本意就是让自己看上去放荡。它们向某种雄蜂*发送特定的视觉信号，雄蜂的反应则是飞向它们，展现出某种令我不忍直视的生动的交配行为，只能说，雄蜂在完事儿以后飞走时，看上去心满意足——并且身上覆盖着兰花的花粉。

在耶鲁大学皮博迪自然博物馆的化石实验室，苏珊·巴茨（Susan Butts）和我查看了一些保存在琥珀中的蝴蝶化石。我们俩已经讨论过何为蝴蝶，何为蛾子，然后继续欣赏这座博物馆丰富的绿河昆虫化石藏品。

巴茨拿出了琥珀藏品。琥珀，硬化的古老树脂，是一种几千年来为人类所尊崇的材料。作为一种比较稀有的材料，全世界只有大约 20 个地点大量产出琥珀，部分地点拥有悠久的开采历史。冰河时代的人们会用琥珀雕刻出马和其他动物的形象，就像用象牙和鹿角雕刻一样。波兰出土过一个 4000 年前的写意风格的马雕，英国的巨石阵遗址发现过琥珀的工艺品，中国的手工艺人雕刻精巧的琥珀雕像则有几

* 此处的兰花可能指的是欧洲的眉兰，它们模拟的对象是一种泥蜂的雌性，而非蜜蜂。——译者注

千年历史了。

不过对于古生物学家来说，琥珀有一种全然不同的价值：能够三维立体地展示生命体的保存介质。树脂顺着树干流下，会包裹住沿途可能出现的一切，从叶子到种子，从花粉到昆虫。铭刻历史的事物就这样流传到了我们手中。在今天的哈萨克斯坦发现的一枚1.4亿年前的一英寸长的琥珀松果化石，提供了一丝线索，告诉我们在恐龙统治的鼎盛期，开花植物刚开始占领地球的时候，世界是什么样子。今天，任何人都能轻易认出这是颗松果。

等到恐龙统治的末期，开花的树木将覆盖苏铁和针叶树曾经主宰的很多地方。在几个地区，这些新生树种的树脂将把整个生态系统记录下来。在多米尼加共和国，产量丰富的琥珀矿藏展现了无穷无尽的生命形式，包括无数甲虫、精致的豆娘、名叫“角蝉”的昆虫、婚飞的白蚁、大群的蝇类，还有大约2500万年前的几种蛾子和蝴蝶。苏珊·巴茨曾经拥有一枚多米尼加虫珀婚戒，是她和现在的丈夫在那儿度蜜月时买的。可惜，琥珀很易碎。“对于地质学家，琥珀首饰是个糟糕的选择。”巴茨说。那枚戒指在她使用地质工具的时候碎了。她现在戴的是一枚不那么脆弱的白金戒指。

我们在显微镜下查看着一只来自坦桑尼亚的包裹在琥珀里的蝴蝶，它的年代是大约400万年前——差不多是早期的原始人类在那里的平原上行走，并与三趾马相遇的时代。

“这是复眼，”在我们查看这只昆虫时，巴茨指出，“还有触角和头部衔接的地方、头部和胸部的连接处。这是足。看见这个东西没？这个圆圈？那就是卷起来的喙。就是它，就在那儿卷着呢。”

我数着一圈、两圈、三圈、四圈，它被定格在时间里，很容易看清。我们就像在看着一个水晶球，能够直接窥进一个消逝已久的世界。那只蝴蝶很容易辨别，与我们今天看到的蝴蝶大同小异。想到这点，400 万年就显得不那么久远了。

和所有地方一样，在耶鲁的收藏中，化石蝴蝶——即便是碎片——也是凤毛麟角。在博物馆拥有的大约 1.7 万枚昆虫化石中，只有 61 枚是鳞翅目的，并且其中大多数连是蝶是蛾都认不出来。巴茨还拿出了博物馆中寥寥的几号来自绿河岩层的蝴蝶标本，它们是由一位退休地质学家，耶鲁的志愿者吉姆 · 巴克利（Jim Barkley）从科罗拉多州的西北角采集到的。它们都是碎片，没有一枚像天下第一蝶那样完好，但是古老得多，几乎是（但不绝对）世界上已知最古老的蝴蝶化石。（目前已知最古老的是 5600 万年前的，包裹在来自波罗的海的琥珀里。）

巴克利拥有自己的私人化石采集点，除了冬季最寒冷的日子（气温常常降到零下二三十摄氏度），他都会在那里例行勘察。他将发现的所有昆虫化石都寄到了耶鲁。在他至今捐赠的 6 000 多号标本中，只有几号是蝴蝶。

“也许还有其他的，只是没寄过来？”我问。

巴茨将我们这场目标明确的探险戏称为耶鲁–巴克利–

威廉姆斯大考察。在我听来不错。

7月1日一大早，在科罗拉多河沿岸的一个观光公园，我们全体集合——总共7个人，从6岁到66岁。这条河很美，但上午9点，天已经热得像烤箱了。我们挤进车里，沿13号高速公路向北一路爬升，向着凉快得多的罗恩高原（Roan Plateau）前进。

沿着高速公路只走了一小段，巴克利就将车停在了一块完全不讨人喜欢的地方。几英亩坍塌的页岩等待着我们，就在更多的页岩构成的高耸的悬崖下面。数不尽的页岩啊。

有位来得更早的勘探者带来了一台黄颜色的大机器，直接敲碎了岩壁。页岩碎成了小块，而我们的工作则是坐在晒得滚烫的石头上，筛查这些岩块，打开岩层，看看里面有什么——如果真有的话。我想起了那些关于古罗马的胶片老电影里，可怜的俘虏们在罗马炎热的山脚下不停地做着苦工的画面。

让人望而却步。

在这项令人气馁的任务面前，巴克利、巴茨，还有她那位即将调往牛津大学的同事格温·安特尔（Gwen Antell），看上去喜不自胜。

有意思的化石开始出现了。就连我也找到了一只昆虫。

我嘴上说着对这些丰富多彩的化石印象深刻，但打心眼里希望我们能找到一只蝴蝶。

吉姆·巴克利看起来莫名高兴。

“该回家啦。”他说。

巴克利地盘上的那间小小的牧场房，不是大部分，而是几乎完全被他对于古生物学的热爱占满了（说“几乎”，是因为他还有妻子）。他有一台支在万向支架上的高科技显微镜，上面连接着一台1000万像素的照相机。每号标本，他都要在各个不同的焦平面上拍5—20张照片，然后用堆栈软件，将照片融合成一张对焦清晰（但愿吧）的图像。

到处都是电线，工作台上有很多瓶喝了一半的水，再就是全家福、指南书、参考书、宗教书，当然，还有石头的碎屑。

“吃完晚饭，”他说，“给你看点好东西。”

人们来这里谈论今天的发现，我们都挤坐在一个小桌子旁边，吃着烤鸡肉和沙拉，喝着啤酒。聚会结束后，巴克利和我回到了工作棚。

他拉开了一个抽屉。

抽屉里面放着一片几乎完好无损的鳞翅目昆虫的翅，不仅显现出翅脉，还有一些花纹。

我思索着，为什么一只5000万年前的昆虫能够被如今的一个外行人这么轻易认出来呢？第一次看到一块5000万年的马化石时，我还以为它是猫或者狗。随着时间推移，哺乳动物发生了相当显著的进化，可是，蝴蝶并没有明显变化。

“那是因为昆虫已臻完美。”格温·安特尔带着微笑回答。它们不需要进化了。

"节肢动物是最早登上陆地的动物，而今天，四分之三的动物都是昆虫。它们已经统治了地球几亿年。还有什么可完善的呢？"

当然啦，她在开玩笑。

算是开玩笑吧。

第二天，我继续驱车前进，去瞻仰天下第一蝶以前的埋藏地。弗洛里森特国家级遗产地现在有一个很大的游客中心，里面介绍了这个地区远古和近现代的历史。

我在游客中心注意到的第一样东西是一则标语："科学是一个正在进行的过程，而不仅仅是事实结果。"这句话言简意赅地解释了为何进化论仍然被称为一种理论：不是因为它不正确，而是因为我们的理解始终不完善。我们对于变化发生的原因和变化方式的认知，就和变化本身一样，是不断发展、不断进步的。

游客中心里面有一幅古蛱蝶的复原图。在这幅图画中，翅的颜色发红，在前翅邻近外缘处有三枚黑色斑点，前翅和后翅都有白色的区块。三个较小的黑点让两边后翅的边缘都愈显清晰。

此处引用了志得意满的波士顿人塞缪尔·斯卡德的话——"美国发现的最完好的蝴蝶化石"，还附有信息，说明清晰可见的翅脉显示这只古蛱蝶属于被称为蛱蝶科的一个蝴蝶大科，现在的君主斑蝶也是这个科的。

墙上有一幅1878年的地图，展示着这个消失已久的古老湖泊。那个石化的大树桩所在的地点用一个箭头标了出来，“希尔先生的家”也标了箭头。（尽管显然是夏洛特·希尔发现了化石，她的功绩却长期没有得到认可。也许当科考队来访的时候，她就回到厨房里了。）在游客中心的后屋，一个层层保护的柜子里，有一块颇为近似现代蜜蜂的近乎完美无缺的昆虫化石。

在一个显要的位置，有一张庆祝夏洛特·希尔160年诞辰的生日蛋糕的照片。蛋糕的正中间细致勾勒出古蛱蝶的轮廓。遗产地的古生物学家赫伯特·迈耶决心要让夏洛特·希尔最终得到她应得的那份名誉，他邀请她的后人们来给这位祖先办了一场生日庆典。他们大多从未听说过这位先锋女性，这位13岁的新娘。

聊过天之后，迈耶和我穿过了遗产地的户外区域。我们观看了变成化石的红杉树那所剩无几的残骸，在一处石化树桩的遗迹旁终止了谈话，那里正在长出一棵新的针叶树。

“世事本来如此啊。”我感慨道。

“本来如此。”他应和着说。

我们很欣喜：一种生命形式从另一种生命形式中生长而出。进化是关于变化的事情，但它同样是有关延续的。

04 闪光和炫彩

Flash and Dazzle

蝴蝶的翅膀是独一无二的，如同简单的一页纸，上面竟用色彩印着进化的法则。[1]

——G. 伊芙琳·哈钦森（G. Evelyn Hutchinson）

查尔斯·达尔文当然不是唯一设想过我们星球上的植物与动物之间的伙伴关系的重要意义的人。事实上，这个概念——现在叫生态学——不是由达尔文，也不是由任何一位维多利亚时代的名人，而是由 17 世纪的一个十几岁的小姑娘首先提出的。

玛利亚·西比拉·梅里安曾是知名的鳞翅目爱好者，[2] 她的勇敢令人尊敬，她的艺术造诣令人崇拜，她对科学的严谨态度令人景仰——就像达尔文如今享有盛誉一样。后来她又被遗忘，埋没在时间的尘埃中。她生活在17世纪的欧洲，一个对女性极为苛酷的时代。梅里安和希尔都是在13岁就进入了成人的世界，夏洛特·希尔开始养家，玛利亚·西比拉·梅里安却在这个年纪开始对毛虫、蝴蝶和蛾子，还有使它们得以存在的植物展开终其一生的研究。

梅里安生活的时代，是人类历史上最令人震惊的时代之一。这是一个怪异的年代：荒诞离奇，如同梦魇，却又前卫激进，技术飞速发展，令人振奋。对有些人来说，欧洲的生活是可怕的；另一些人则认为当时的文化活跃而迷人。

三十年战争波及了大半个欧洲大陆，它既是宗教的交锋，也是民族主义的争斗，这场战争终结了800万欧洲人的生命，并且深刻地打破了这块大陆上的权力平衡。然而与此同时，新的技术和国际贸易突飞猛进，在历史上第一次为不断扩大的中产阶级创造了可支配收入。在教育向大众开放后，社会反响十分热烈。公开的科学演讲通常挤满了观众，能有地方站就不错了。即使女性也可以参加。

这个世纪开始时并不是这样的。1600年，数学家焦尔达诺·布鲁诺（Giordano Bruno）在罗马被烧死，因为他坚持认为地球和其他行星围绕太阳运转。耶稣会教士马丁·德尔·里奥（Martin del Rio）1600年出版的畅销书《魔法之研究》（*Investigations into Magic*）煽动了疯狂的暴徒，吹旺了烧死女巫的火焰，导致5万人在17世纪被处决。对女性来说，那是一个危险的世纪。群体性恶行的大多数受害者都是女性。

理性时代终究还是来临了。开拓性的技术使得人类可以用一种全新的方式——基于事实的方式——去看待世界。这场革命的先行者是让人类可以窥进无限微小的世界的玻璃镜片。很多人都拥有了可以近距离研究昆虫的手持设备“跳蚤镜”。

人们可以在一滴水中看见前所未见的单细胞生命形式，揭示出世界中一个个更微小的世界。直到那时，我们人类才知道有像变形虫这样的“微动物”存在。反响随之而来。

在一场重大的文化变革中，知识成了一种时尚。1600年的欧洲还处在一个不容许怀疑思想的时代：上帝赋予了人们森严的等级。如果你生而贫穷，那也是上帝的旨意；保持恭顺的态度，挨饿也不要怨恨，继续等待，你会在天堂里得到回报。努力往上爬是一种罪孽。

国王是神圣的。人人都知道这一点，所以不需要证明。（王后呢？呃……就没那么神圣啦。）亚里士多德提出的存在巨链（Great Chain of Being）中的 scala naturae，字面意思是“自然阶梯”，也可以说是“自然秩序”，将所有生物体从“最低等”到“最高等”进行了划分。这个星球上的每一个生命和其他任何一个生命相比，要么低劣要么优越。

这种尊卑次序如同百科全书般细致。举个例子，鸟类的排位在哺乳动物之下。而在这个序列之内，猛禽的地位优于吃腐肉的鸟类，再往下排，是吃蠕虫的鸟，然后是吃昆虫的鸟。狗享有相当高的地位，不过没有狮子那么高，毕竟后者狂野、自由，强壮而有力——而且还很危险。女人只比狮子高一点儿，她们当然排在男人之下，男人仅次于天使，天使又在上帝之下。

昆虫在这个阶梯上的排位相当低，仅仅在植物和珊瑚之上。

蝴蝶除外。

蝴蝶很特殊。它们备受尊崇，在阶梯上占据着自己专属的一级，远远高于其他昆虫。它们之所以得到这样的特殊待遇，一部分是因为闪耀炫目、令人无法抗拒的美丽，一部分是因为它们的神秘。它们好像是自觉地从隐蔽的地方现身，飞向了天堂。它们似乎受到了上帝的庇佑。

另一方面，毛虫则属于蠕虫——只配被人极度蔑视的可憎之物。它们在自然阶梯上的位置非常非常低。它们黏糊糊的，令人反胃，非常原始。想想莎士比亚吧，这位诗人把自己所鄙夷的律师称为“虚伪的毛毛虫”。他对不喜欢的政客幕僚，则称之为“蛀蚀公共财富的毛毛虫”，因为他们吞噬着英格兰的绿地和森林。

要理解蝴蝶和毛虫何以受到区别对待，重要的是要明白，欧洲人曾认为毛虫与蝴蝶是完全不相关的生命。人们普遍相信这一点。或许在今天的我们听来不可思议，但当时的人们并没有把特定的某种毛虫化成的特定的一种蛹与后来羽化出来的特定的一种蝴蝶联系起来。

“要是他们真的观察到一只幼虫与它的成虫的联系，会猜测是发生了某种神奇的转化，比如一只全新的动物出现了。”昆虫学家迈克尔·恩格尔解释道。[3]

之所以有这种错误的认识，是因为没人真正研究过毛虫和蝴蝶。人们虽然确实了解蚕蛾的生命周期——养蚕纺丝的历史已经有上千年了——但没能由此推想出所有鳞翅目昆虫的情况。

对1600年的人们来说，蝴蝶的魔力在于它是从一些人看来很恶心的蛹的黏液中羽化而出的。要弄清蝴蝶的出现是一个循序渐进的过程，从卵到毛虫，再到蛹，最后到一只华美的飞行昆虫——而且所有蝴蝶都是如此——作家马修·科布（Matthew Cobb）写道，这是“一项颇为复杂的挑战”。[4]

发现从卵到蝴蝶的转变的真相，帮助科学将欧洲文明从自然阶梯的文化紧身衣中解脱了出来。一个关于生命体相互依存的网络的概念开始成形并取而代之。

取得这个成就的，便是玛利亚·西比拉·梅里安。

如果你切开一个蝴蝶的蛹，一股可恶的有毒液体就会涌出来。至少在当时的人看来，它有毒又可恶。然而，假以时日，一只鲜艳夺目的蝴蝶，就会慢慢地从禁锢中挣扎而出。在1600年，这是某种咒语存在的明证。是巫术，是妖法，要么就单纯是冥界的娱乐。

相信蝴蝶有魔法，是一种和人类历史一样古老的思想。希腊词语 psyche 具备双重含义，即蝴蝶和灵魂。早期的希腊人相信，就像蝴蝶从它的“坟墓”中挣脱出来，神秘地翩然飞向未知的地方一样，人类灵魂也会甩掉尘世的羁绊，飞升到天堂。

另一方面，毛虫则是“魔鬼的蠕虫”。1624 年，约翰 · 多恩（John Donne）就在一篇沉思录中谴责了“拼命要吞噬（这个世界）的蛇、蝰、险恶和有毒的生物，还有蠕虫和毛虫”。

这种误解是出于对自然发生说的坚定信仰，当时人人都奉此为生命的真理。蛆是自发地从肉里长出来的。把脏内衣和小麦放在一个玻璃杯里，老鼠自动就会出现。“就连饱学之士们也认同，在一些情况下，女人能够生出兔子或者小猫来。”[5] 马修 · 科布写道。莎士比亚的笔下则提到，鳄鱼是从尼罗河的泥里自发产生的。蜜蜂从正在腐烂的牛尸上魔幻般地出现。聪明到可以计算出地球围绕太阳运转的椭圆形轨道的约翰尼斯 · 开普勒（Johannes Kepler）也生活在那个世纪，他写道，毛毛虫是从树流出的汁液中自发诞生的。

相信世界易于改变会带来严重的后果。在《天文学家和女巫》（*The Astronomer and the Witch*）中，尤林卡 · 鲁布拉克（Ulinka Rublack）讲述了开普勒不得不停止他的研究，来保护自己的母亲免遭处死——她被指控倒骑牛犊致其死亡和将自己变化成猫。

我问鲁布拉克，开普勒是否相信巫术。

“那个时代几乎所有人都相信巫术，没有证据证明他在这一点上与众不同。”她回答说。

没有人是安全的。人人都是嫌疑犯。

在这个人们满脑子都是魔法的世界，高度理智又富有艺术才华的玛利亚·西比拉·梅里安降生了，这个女人的头脑之清晰、工作之勤勉、意志之坚定，几乎本身就是一个自然发生的奇迹。她没受过正规教育，屈就于家务和烹饪，然而由于对蝴蝶的爱，她建立起博物学的一个新的标准，也是这个世纪最重要的科学创新的标志：细致的观察。当梅里安于 1647 年出生在德国美因河畔的法兰克福时，认真探究事实的做法并不寻常。没有一种“科学方法”被用于任何实践性的目的。

13 岁时，她爱上了毛毛虫，不论它们的名声有多坏。她压根不鄙视毛虫，反而觉得它们很美。她发现很多毛虫相当专一，只吃特定的某种植物，不会碰其他的。她跟踪记录着这些毛毛虫，看着它们从卵中孵化，随着成长而脱掉几次外皮，再变成蛹。她注意到，每一只毛虫从蛹中羽化出来后，都变成了某种蝴蝶。

她石破天惊的发现改变了科学界。梅里安不仅是一个认真的记录者，她还将自己看到的东西画下来，上了色，在照相术出现之前的年代为自己的发现提供了不可或缺的视觉证据。这些富有视觉冲击力的水彩画，成为她观察所得的科学证明。50多年来，通过对毛虫、蝴蝶和蛾子的研究，她坚持不懈地提供了大量的实证，证明自然发生说纯属无稽之谈。她针锋相对地揭示出，大自然是有序的、理智合理的，这个世界上的伙伴关系是持续而可靠的。物种间的关系并非杂乱无章。

我们今天仍然可以接触到她的研究。作为女性，她无权在传统期刊上发表文章，于是她先后在德国和阿姆斯特丹自行印发了研究成果——既有笔记，也有画作。由于在科学上的精准和艺术上的美感，这些作品一经问世便十分畅销。

同样，作为女性，她无法获得研究经费，不过她用自己的钱，只带着女儿做伴，开展了欧洲第一场针对西半球的单一目的的科学考察。特立独行的她，在1717年去世之前，得到了科学界的尊敬。

所有这一切，都是出于对蝴蝶的爱。

对一个17世纪的女性而言，说她行为异常已经算是轻描淡写了。在田野和花园中行走，捡拾毛虫，她可是冒着被指责为离经叛道，甚至可能被称为女巫的风险。请回顾一下达尔文在《“小猎犬号”航行日记》里讲的一位德国科学家的故事，以免你觉得我夸大了她面临的危险。这个德国科学家将毛虫带回家，毛虫变成了蝴蝶，在南美洲西海岸，他被人以亡灵巫术的罪名关了起来。这还是在19世纪——梅里安之后两百年的事呢。

然而梅里安却逃过了一劫。[6]据我们所知，她从来没有被指控施展巫术，也没有受到过不守妇道的审判威胁。相反，她被比作“密涅瓦女神”，而她的作品则被形容为“令人震撼”。她因“不知疲倦的辛勤”而受到赞扬。法国昆虫学之父雷奥米尔（René-Antoine Ferchault de Réaumur）称赞了她“对于昆虫崇高的、真正的热爱”。在她去世那天，彼得大帝买下了她位于阿姆斯特丹的工作室里的大部分作品。

梅里安的研究产生了跨越时代的影响。林奈借助她的书创立了分类学。她有一项发现曾遭到早期研究者们的嘲笑，在19世纪，伟大的鳞翅目昆虫学家亨利·沃尔特·贝茨（Henry Walter Bates）在经典著作《亚马孙河畔的博物学家》（*The Naturalist on the River Amazons*）中肯定了这项发现。维多利亚时代的美国鳞翅目昆虫学家，如塞缪尔·斯卡德，则对她大加赞赏。到了20世纪，声名显赫的小说家兼鳞翅目昆虫学家弗拉基米尔·纳博科夫在《说吧，记忆》（*Speak, Memory*）中，将她列为影响自己童年的重要人物之一。

在当代，艺术史学家高文·亚历山大·贝利（Gauvin Alexander Bailey）称她为“科学史上最杰出的人物之一”。[7] 博物学家大卫·爱登堡在耶鲁大学出版社2007年出版的《稀世珍宝》（*Amazing Rare Things*）中重点突出了她的工作。[8] 1995年，历史学家娜塔莉·泽蒙·戴维斯（Natalie Zemon Davis）在《边缘上的女人》（*Women on the Margins*）中写道，她是“一位先锋”，是最早的生态学家，“好奇、执着、低调、多才多艺，她热忱地求索着大自然之中的联系和美丽，并借此冲破了宗教和家庭变故的阻碍”。[9]生物学家凯·艾瑟里奇（Kay Etheridge）称她的工作“前无古人”，认为梅里安做出了“拨云见日的贡献”，“为博物学建立了一个新的标准”。

2014年，在她去世将近300年之后，玛利亚·西比拉·梅里安学会成立。2016年，原版问世300多年以后，她的一本书的精美复刻版由荷兰一家博物馆出版了。

我买过一本。翻动着纸页，我对它的美丽和细致入微肃然起敬，那时我还从没听说过她。

我想知道更多。

梅里安并非出身富有，但她的家庭有其他的优势。这家人在法兰克福从事艺术、印刷、出版的生意。法兰克福是个很棒的地方，一个处在变革边缘的自治的自由城市，一个书籍和知识界的重要中心。梅里安很小就开始学习出版业的知识。她出生的时候，这个城市著名的书展已经有超过一个世纪的历史了。书籍将会成为她的一种生活方式。

由于被禁止使用油画颜料——这是男性的专利——她开始用水彩画花卉，并且成了混合颜料以贴合自然色彩的专家。当时鲜有画家会费心去以如此精细的程度来表现昆虫，但她做到了。她想尽量忠实地反映这个世界的美丽。她想让自己的红色颜料的色彩与花瓣、蝴蝶鳞片或者毛虫身体的红色完全吻合。

她在父亲的工坊里帮忙，给市售鲜花的广告名册画线稿，并且手工上色。当时正值郁金香狂热的世纪。卖花是门大生意，而她画的插图必须完全准确，好让消费者们知道自己买的是什么。毫无疑问，她父亲出版的科学作品中也有她的功劳。她极有可能读过一些这类书，也可能听过一些讨论。也许，她在自家的工坊里见过作者们。

那个世纪最重要的科学争论是围绕生命的起源展开的：生命从何而来？如果不是自然发生的，那又是怎么来的？有几位科学家提出，生命——所有生命，甚至是人的生命——都是从卵衍生而来的，就像鸡那样。这个过程不涉及魔法或炼金术。这种说法就和两百年后查尔斯·达尔文的进化论一样，狠狠刺中了既成的社会秩序。

加入这场辩论之后，梅里安开始保存正式的笔记本，以野外笔记和水彩画记录她对于毛虫、蝴蝶、蛾子，以及它们最爱的植物的研究。50 年间，她研究着它们是什么，它们怎样交配，它们的蛹什么样，卵又是什么样子。

梅里安成了世界上研究鳞翅目昆虫生命周期的顶尖专家。其他人只是研究特定物种，没人像她一样理解整个体系。有了这样透彻的了解，她可以证明：（1）蝴蝶会交配；（2）它们会产卵；（3）特定的卵孵出特定的毛虫；（4）那些毛虫会吃特定的植物；（5）在一段可以预估的时间之后，毛虫会化成蛹；（6）在一段可以预估的时间之后，特定的蝴蝶会羽化出来。

对我们来说，这是理所当然的事情，但对 17 世纪的人们而言，阐明一轮真实可信的生命周期具有开创性的意义：生命这个谜团竟然真有解开的方法。梅里安对毛虫的演绎无与伦比。她想必拥有一双极为稳健的手：在一些插图中，毛虫的每个体节上的每一根毛都被一丝不苟地画了出来。在当时的放大镜和一台原始的“显微镜”的辅助下，梅里安第一次观察到了毛虫的具体细节。

如果不发表，研究就毫无意义。于是，在32岁的年纪，已婚并有两个孩子的她决定出版自己的书。1679年，《毛虫的美妙变化和奇特的植物食粮》（*The Wonderful Transformation and Strange Floral Food of Caterpillars*）出版，一时间读者们争相购买。

“我认为有必要言明，”她在前言中写道，“总体上，所有毛虫，只要它们的成虫事先交配过，就都是从卵中孵化出来的。”她提供了丰富的证据。她第一本关于毛虫的书中有50个例证，第二本和第三本也是——总共150例。

原书的刊本如今多已不存，但纽约的美国自然博物馆藏有一本。文献馆员梅·赖特迈尔（Mai Reitmeyer）好心让我看了这本书。

总的来说，这些脆弱的古书经不住岁月的摧残。为了给我展示馆里收藏的那本，赖特迈尔戴上了外科手套，提议由她来翻，我来看。

我俩双双俯身向下，凝视着每一页纸上的神迹。这些雕版画精确和优美兼具，我们对此赞叹不已。

每种植物的细节都被精心呈现出来。表现毛虫吃过的叶子时，她准确地画出了特定的毛虫会咬出的特定形状的缺口。在一些插图中，叶子完全被吃光了，只剩下叶脉——这依旧是特定的毛虫种类会在特定的植物种类上做的事情。

她对毛虫龄期（幼虫发育的各个阶段）的描绘无与伦比。梅里安不慌不忙地记录下这种动物身体上的每一个斑点，并且凭借自身对于颜料运用的高超技艺，逼真地还原了它们的色彩。她给一只绿色毛虫画的斑点和她在活体标本身上看到的一排排金黄色小点一模一样。

更了不起的是，她展现了各种各样生命体的完整情境。她将整个生命过程都描绘了出来。如果她知道卵长什么样，书里就会有体现。如果毛虫在不同龄期会改变颜色，她也会展现。她会让你看到正确龄期的毛虫在叶片上啃食出正确的咬痕。她也常常画蛹。如果她知道同一种蝴蝶的雌性和雄性外观不一样，就两者都画。

如此细腻优美的画作已是凤毛麟角，像这样面面俱到而又精确的信息则前所未有。生物学家兼科学史专家凯·艾瑟里奇写了很多关于梅里安的文章，有一篇2010年发表的文章，题为《玛利亚·西比拉·梅里安与博物学的蜕变》。这个标题概括了一切。艾瑟里奇提出，梅里安是“最早针对一个专门的生命体类群进行长期研究的博物学家之一”。

梅里安的毛虫书里有一段文字，描述了一种利用樱桃树为生的蛾子。历史学家娜塔莉·泽蒙·戴维斯在《边缘上的女人》中翻译了这段文字，使读者注意到梅里安令人惊艳的文采。梅里安解释说，她此前见过这种蛾子，很是为它的色彩着迷。当她“在上帝的眷顾下”发现了“毛虫的变态发育”，并最终将那种毛虫与她钟爱已久的蛾子正确对应起来时，她写道：“我沉浸在如此巨大的喜悦里，心愿已遂，欣慰之情几乎无以言表。”

既然自己的喜悦难以描述，她便带着狂喜描述了这种蛾子的幼虫：“它们拥有一种美丽的绿色，绿如春日之青草，背上从头至尾有一条可人的黑色直条纹，另有一条黑色条纹横跨各个体节，其中有四颗白色的小圆点，像珍珠一样闪耀。它们的中间有……”

她怀着狂喜继续倾诉了几百个单词。

梅里安离开了她的丈夫，最终落脚在进步、繁荣的阿姆斯特丹，这座城市当时和现在一样，是艺术、科学和启蒙思想的中心。在那里，富有的收藏家向她展示了他们的蝴蝶。她看到了华美的中南美洲蓝闪蝶，这些标本直到今天也备受蝴蝶迷们的喜爱。她认可这些标本的价值，但也觉得它们令人沮丧。

死去的蝴蝶看上去并无意义。它们的生活状况是怎样的？它们吃什么植物？它们能活多久？它们飞行起来什么样？它们的幼虫长什么样？它们化蛹要花多久？这些问题令她抓狂。她需要答案。

于是，在1699年，她卖掉了自己的画作来筹集经费，她登上一艘船，驶向了苏里南，身边只有21岁的女儿为伴。她已经52岁了。没有哪个欧洲人——遑论一个独身女子——做过这样的事情。前往西半球的欧洲人多数是为了寻求财富，其余则是被迫前往，还有人是奉国王和国家的命令而去的。

梅里安去那里，只是为了满足自己的好奇心。在当时，像查尔斯·达尔文那样以科学研究为目的的伟大探索，尚且属于未来。没有人——绝对没有人——在没有资助的情况下自己跨越大西洋，进行独立的野外研究，就为了回答一个科学问题。

历史学家戴维斯说她“任性”，但她的冒险远不止于此。即使有女儿帮忙捕捉、饲喂并养大所有寻获的毛虫，苏里南的野外工作还是十分辛苦。她本希望待上五年。可过了两年，在差点死于可能是疟疾的疾病之后，她便决定回家了。

她根据这次野外之行编写了《苏里南昆虫的变形》（*Transformation of the Surinamese Insects*），该书于1705年一经出版，便如暴风般席卷了欧洲。这本书开本巨大，宽超过14英寸，长将近22英寸，其视觉冲击力在当时堪比现代的好莱坞大片。梅里安觉得，她需要极大的页面来如实呈现自己看到的奇观。

第一批刊本由梅里安和她的女儿们一丝不苟地手工上色。荷兰国家图书馆拥有其中一本，称其为“镇馆之宝”和馆藏中的“文化宝藏”。可惜的是，这些手工上色的刊本中有很多被拆散，单页售卖了。面向中产阶级的其他刊本，则为黑白印刷，价格便宜得多。

这么说或许并非无稽——梅里安被鳞翅目昆虫的生命阶段所吸引，可能是她内心深处的某种隐秘愿望的体现，她渴望改变。她生来是一个女人，命运就是成为家庭主妇。但她同样是天生的科学家，好奇心驱使她去探寻真理，而不是人云亦云。最终，她成功地成长为自己想要成为的人。“要是让她画下自己的一生，那幅画一定是仿照她挚爱的昆虫的模式而画的，”昆虫学家迈克尔·恩格尔写道，“她的画也代表了她自身的蜕变，彻底改变了人们对启蒙运动早期女性的预期。”[10]

根据艾瑟里奇的说法，她的工作是“汇入愈加浩大的知识洪流的一条重要支流，它的存在改变了主流的方向”。[11]她绘制了不少令人瞠目结舌的图画，不仅仅有蝴蝶，还有骇人的昆虫，比如地球上最大的捕鸟蛛，以及结出美味果实的华丽植物，比如菠萝、西瓜和石榴等非欧洲本土的植物。她还画了蛙、蜥蜴、蛇和鸟，以及一只短吻鳄与一条致命的蛇搏斗的场景。这些画让欧洲人又惊又喜。

“自青年时代以来，我一直致力于研究昆虫，”这本书的开头写道，“因此，我远离人群，专心从事这项研究。为了实践绘画的技艺，也为了能够描绘昆虫活着的样子，我先后在美因河畔的法兰克福和纽伦堡，把自己发现的所有昆虫照着原样细致入微地画在羊皮纸上。”

她兴奋地描述了蓝闪蝶："在苏里南，我用石榴叶饲喂这种黄色的毛虫。4月22日，它将自己固定好，变成了一个灰色的蛹；5月8日，这只美丽的蝴蝶从中羽化了出来，蝴蝶是蓝色的，闪着银光，还镶着褐色的边，点缀着白色的半月纹。反面则是褐色的，有黄色的眼斑。它们飞得非常快。"

接下来，她凭借自己对新技术的运用，揭示了一些东西。

"透过放大镜可见，这只蓝色蝴蝶表面仿佛蓝色瓦片，就像房顶上的瓦那样以非常有次序和规律的方式排列着，又如一片片宽阔的羽毛，像孔雀羽毛一样带有一层耀眼的光泽。"

"这种现象无法描述，值得深入探究。"

蝴蝶的翅膀的美感中有一些天然的因素。就像20世纪的马克·罗思科（Mark Rothko）或者杰克逊·波洛克（Jackson Pollock）的油画一样，蝴蝶翅膀浓烈、鲜艳的色彩以简单、直接、原始的方式刺激着我们的神经通路。我们的目光被它们所吸引，我们看了第二眼，第三眼，第四眼。归根结底，我们在看什么？我们无法掌握这些千变万化的色彩。

梅里安似乎也有同样的感受。蓝闪蝶那"奇异的光泽"令她目眩神迷，也令她沮丧。她很可能尝试过，却无法画出自己看到的景象。它的本质让人难以参透。

这只蝴蝶激发的情感效应——它的自然属性，它变幻的色彩，它给人留下的主观印象——无法通过展翅插针保存下来。相反，这只昆虫就像薛定谔的猫，如果你不再让它飞行，蓝闪蝶那倏忽明灭的闪光便消失了。这只昆虫翅膀上的万千色彩转瞬即逝，甚于彩虹的颜色。再看一眼，你会看见紫色。然后是黑色。再然后，又变成饱满的蓝色。如果你改变观察的角度，这些虹彩会再度变幻。

今天，我们多多少少习惯了这种不断流动的闪光和色彩，这是因为有了电视和电脑屏幕，它们同样对我们固有的神经通路具备吸引力。回想梅里安的时代，她的幸福感很容易理解。在屏幕主宰人类的生活之前，这样的视觉体验是十分少有的。

然而，对现代文化中的丰富色彩已然腻味的我们，仍然会在看到一只蓝闪蝶时入迷。随便去一间蝴蝶屋，蓝闪蝶都会是最受欢迎的。小孩子以不可压抑的热情追逐着它们。他们想要那只蝴蝶。

正在飞越蓝闪蝶领地的丛林飞行员能够在几百英尺的高空准确地指出这种蝴蝶，因为雄蝶艳丽的蓝色极其闪亮显眼。（雌性也是蓝色的，但没那么亮，没那么招摇。）耶鲁的鸟类学家，同时也是蝴蝶爱好者的理查德 · 普兰（Richard Prum）告诉我，在 3 月一个雾气弥漫的早晨，他在安第斯山脉的秘鲁段，库斯科的印加古城外散步。[12]

“闪蝶就生活在这个神奇的海拔上。”他说。随着天气暖和起来，雾气一散，忽然之间，他就被闪烁的光包围了。几十只几十只的蝴蝶突然从头顶上方一二十英尺处飞向他。

它们闪耀着炫目的美艳色彩从天而降。

要是梅里安有一台扫描电子显微镜，她就会明白，闪蝶那剧烈震撼着我们大脑中视觉通路的变幻色彩，并非如她所设想的那样来自色素，而是来自鳞片本身的结构。她上了物理学的当：这种昆虫身上超凡脱俗、闪闪发亮的光晕，永远不是她的水彩能复制的。

蓝色是种很怪的颜色。尽管它很寻常——天是蓝色的，海也是蓝色的——蓝色的色素却不多见。在梅里安的时代，选择用蓝色作画的艺术家们需要实实在在地付出高价，因为这种颜料难以寻找，极为昂贵。它通常来自天青石，一种半宝石。

自然界中多数蓝色不是来自色素，而是来自我们所观看物体的表面结构。我们注视蓝眼睛时也是如此：蓝眼睛里面没有蓝色素，而是里面的结构会散射蓝色光。

在日常生活中，最常见的结构色就是肥皂泡变幻的颜色。把带有圆圈的小棒蘸进一瓶肥皂水里，再拿出来吹，就会看到泡泡表面的颜色随着泡泡飘走而变幻——你正在欣赏的便是结构色的现象。由结构性散射而产生的颜色深刻地影响着我们的视觉神经。

一片湛蓝的天空——大气层中的分子结构所产生的结果——会吸引我们的注意，让我们神清气爽。很久以前的一个夏日，在佛蒙特州东南部，绿山山脉上方的天空布满阴云，下着细雨，让人心情压抑。我看到了遥远的一块蓝天，立即跳上车，跨过整个州，一直追到了纽约州的边界，但最终也没能追上它。

第一次见到蓝闪蝶的时候，我也像这样沉醉其中。我感到了一种纯粹的兴奋，精神立刻为之一振，接着便是一种欢快，一种贪婪的喜悦。我看不够。我盯着蓝色的翅膀，目不转睛，仿佛这只蝴蝶对我施了咒。那是一种看起来更加生动、张扬的蓝色，几乎像有生命。我摸不准它确切的色调。这种肥皂泡般的蓝色一直在舞蹈着。它是不是变得更绿了？颜色是不是更深了？里面是不是实际上带点黑色？它的色调变幻不定。

原来，这就是大自然期待的反应。你越是目眩神迷，这只蝴蝶就有越多的时间逃走。

在佛罗伦萨乌菲齐美术馆展出的《圣家庭》中，米开朗琪罗画出了类似的景象。圣母裙子上的蓝色仿佛在颤动、闪烁。看着这幅作品，我深陷其中，如同看到一只蓝闪蝶，或者跨过佛蒙特州去追寻那一块蓝色晴空一样，就好像一位催眠师在我眼前摆动着一块怀表。

蓝闪蝶拥有令人眼花缭乱的炫彩，关键在于这种蝴蝶鳞片的形状。

微小的鳞片——一项鳞翅目昆虫的独创——不仅覆盖着翅，还覆盖着昆虫的身体和足。随着昆虫在蛹（蝴蝶）或者茧（蛾子）中发育，一个活细胞会分裂成两个独立的活细胞。

这两个细胞最终会变成（1）着生鳞片的窝和（2）鳞片本身。

在一只会飞的蝴蝶身上，我们所看到的鳞片是死的。但在蛹中，这枚鳞片曾经是一个活细胞，具备细胞全部的正常组成部分——细胞核、细胞质，等等，这些组成部分全都包裹在一个多层、有弹性的细胞膜中。试想有一个装着液体，液体里面又漂浮着很多东西的塑料袋，细胞的结构差不多就这样，我们自己的身体就是由这样的细胞构成的。

随着蝴蝶的发育，这些活细胞死去了，细胞内部的组成部分消失了，然而细胞膜还在。这个曾经像塑料袋一样有延展性的表面硬化了，但在此之前，它会形成以不同寻常的方式反射光线的结构。

在多数鳞翅目物种中，这些死去的鳞片是中空的。它们以有序的方式覆盖在翅上，排成平行的一行一行，就像房顶上的瓦片。梅里安提到了闪蝶翅面鳞片的有序性，因此我们知道，她掌握的技术起码可以观察到这个精度了。

几丁质是一种由长链糖分子组成的坚硬物质，由它构成的翅面鳞片很微小，人的肉眼会把它看成尘土或者粉末。蝴蝶的鳞片那么小，以至于经常和鳞翅目打交道的人得戴上口罩，以防吸入鳞片，引发肺部问题。

这些鳞片不是牢牢固定在翅上的。当有足够多的鳞片从一片蝶翅上脱落时，这片翅膀可能会显得透明。科学家们猜测，在蝴蝶飞行时，这些鳞片有助于产生升力。然而，失去很多鳞片的蝴蝶仍然能够无碍地飞行。人们说一只蝴蝶看起来又老又残，指的就是鳞片严重损失造成的晦暗外观。

不同的物种有不同的鳞片形状和分层图案。有些种类的鳞片很长，像毛发一样，而另一些物种的鳞片则像老式划艇的桨一样。

蝴蝶的翅面鳞片具有多重用途。因为能够轻易地从身体上脱落，所以它们具备防御的功能：如果一只昆虫被黏黏的蜘蛛网粘住，它可以通过脱掉鳞片来轻松逃脱，就像你的外套要是被带尖刺的铁丝网钩住，你可以脱掉不要了一样。[13]

蝴蝶鳞片的颜色还能起到吸引注意或者隐匿身形的作用。蓝闪蝶张开翅膀时，闪亮的蓝色非常醒目。当它们在阳光中张扬地飞行时，你不可能注意不到。

但这些蝴蝶其实是在用这样的方式隐藏——在一目了然的情况下隐藏。它们用的是震慑战术：鳞片反射的不稳定光线令人困惑，使人无法确定看到的到底是什么。我们人类不是唯一一种一看再看，目光却飘忽不定的掠食动物。一只像鸟这样的捕食者可能会吃惊，目光难以聚焦。那失焦的瞬间可能足够让蝴蝶逃走了。

蓝闪蝶还有其他利用颜色构筑的防线。当翅膀合起来，或许是落在落叶层上时，这种昆虫便彻底融入了自然的背景之中。翅膀的背面是暗沉的褐色、棕黄色和黑色的鳞片。眼斑——很像雄孔雀的眼睛——是普遍存在的。眼斑可能多达五个，蝴蝶运用“越多越安全”的法则来吓跑鸟儿。它们翅膀的背面没有一丝一毫的蓝色。如果这种昆虫正在树皮上休息，那它几乎就是隐身的。你永远也猜不到，合起来的翅膀的另一面竟藏着不可思议的颜色。

很多蝴蝶都拥有这种“双重人格”的选项。印度的枯叶蛱蝶（*Kallima inachus*）翅膀合拢休息的时候，酷似一片干枯的树叶。而当它张开翅膀时，就完全是另一回事儿了。蓝色在阳光中闪耀，翅膀上还有俗艳的橙色宽条纹。

蝴蝶基本的艺术哲学似乎是：如果隐藏不管用，那就试试当面炫耀吧。玛利亚·西比拉·梅里安时代的两个世纪之后，这种左右逢源的策略将在有关进化的争议中处于风口浪尖，达尔文的支持者们宣称它是进化的证据，而反对者则声称，蝴蝶错综复杂之美一定是出自神明的安排。

以她所掌握的技术，玛利亚·西比拉·梅里安始终没能看到蝴蝶鳞片表面的微小细节。这些细节直到最近才被科学家所掌握。在一个精英荟萃的翅面鳞片专家团队中，这项发现成了大新闻。事实上，他们已经与工程师们合作研究这些细节，以期在计算机速度和能源效率方面取得重大的技术进步。

尼帕姆·帕特尔（Nipam Patel）在得克萨斯长大。他八岁就开始收藏蝴蝶标本，我来拜访的时候，他从业已有30年，积累了超过5万号标本，藏品规模堪与维多利亚时代大联盟中的收藏家们比肩。2018年，帕特尔离开他在加州大学伯克利分校的实验室，受邀前往马萨诸塞州伍兹霍尔的海洋生物学实验室任职，那儿离我的住处很近。作为接受邀请的条件，他要求这家有140年历史的机构给他的蝴蝶收藏新建立一个现代化的储藏空间。[14] 他解释道，要是不答应这个条件，他就不得不拒绝这份邀请了。

帕特尔是一位胚胎学专家，研究生命体如何从卵发育到成体。从这一点来看，他算是玛利亚 · 西比拉 · 梅里安的学业传人。帕特尔的实验室多年来致力于了解大蓝闪蝶翅的发育。研究者们发现了一种方法，可以在这种昆虫的翅发育到成熟时对其进行监视。延时摄影的视频显示了这种昆虫的“原翅”变成我们在它飞行时看到的艳丽翅膀的过程。

我去伍兹霍尔拜访期间，帕特尔说，他当下热衷的事情之一，是思考这种美丽背后的物理原理。

“好玩的戏法是用光要起来的。”他在谈话中告诉我。

他说到了肥皂泡效应和彩虹的颜色。我补充说，我在油膜上也见过类似的现象。

接下来，他给我看了“圣诞树”的图片——或者说是这群为蝶痴狂的科学家眼下称为“圣诞树”的东西。在帕特尔的实验室以及全世界各地的实验室里，研究者们成功地对闪蝶的鳞片进行了横切，并且利用电子显微镜发现，这些鳞片具有一种有序的特定形状，让他们想起松树的轮廓。

正是这种松树状的结构——存在于微小的鳞片之上，准确、有序，又精细得叫人害怕——产生了颜色。想理解这项突兀、绝妙、怪异的事实，要记得，鳞片最早是活生生的柔韧材料，包含着一个活细胞的五脏六腑。

还记得吧，细胞膜一开始就像一个有韧性的塑料袋一样。蝴蝶设法让这个“塑料袋”——细胞膜——弯曲折叠成特定的形状，[15] 以高度特异的方式反射光线。运用鳞片细胞里面的蛋白质,物理力量导致了细胞膜可预测的扭曲和折叠。

我和耶鲁大学的理查德·普兰聊了这件事。

“在闪蝶身上，”他说，“‘塑料袋’开始形成多刺的长条形隆起，隆起的表面又开始出现褶皱。”

我努力为这种奇特的现象想出一种比方，但不幸失败了。蝴蝶的鳞片从一层形状不定而有延展性的活生生的薄膜变成僵死的结构，而这个结构具有特殊的显微级轮廓，和我所知的任何其他东西都不相像，在这个变化的过程中到底发生了什么?

随着细胞膜死去，多数蝴蝶物种的鳞片上会形成隆脊。就把它们想成房顶波纹钢板的那种隆脊吧——规律、重复、有序。正是这些重复的结构操纵了光线。接下来，这些波纹本身又反复屈伸，形成了松树的形状。

在一枚蓝闪蝶的鳞片上，来自太阳的光线被反弹来反弹去，各种不同波长的光“丢了”。只有一种波长的光——蓝光——保持了足够的强度，可以有效反射到观察者眼中。

这种颜色如此令人兴奋的原因之一就在于此：蓝色是纯粹的，毫无杂质，洁净，新鲜。源于色素的颜色没有这种品质，相比之下，它们几乎可谓是黯淡无光。

你可能在想：知道了，挺好的，但又有什么意义呢？为什么要花这么多时间和金钱，去发现这样细枝末节的事情？研究这些东西既有实践层面的意义，也有美学层面的原因。事实证明，发现蓝闪蝶鳞片的结构说不定能帮助我们拯救很多人的生命。

拉季斯拉夫·波蒂雷洛（Radislav Potyrailo）是一位来自乌克兰的物理学家、化学家、生物学家、电子奇才，他的工作是设计能够检测空气中有毒气体的选择性挥发物感应器。他的研究可以实际应用于各种各样的情况，比如救助哮喘患者，检测火山喷出的潜在有毒气体，或者检测地铁线路中被人施放的有毒物质。

波蒂雷洛能够接触到很多类似的感应器，但他并不很满意。它们要么廉价但不好用，要么就太贵、太重，很难随身携带。

“你总不能在衣服兜里揣个鞋盒子或者笔记本电脑吧。”他向我解释道。

确实。我不得不同意他的说法。

他接着说，市面上已经有小型的感应器了，但不好用。一个哮喘患者带着这么个玩意儿，被它提醒有危险气体，结果感应器探测到的其实是一些无害的气体，比如奶酪散发的气味。

他想发明一种新设备，把大型感应器的效率和小型感应器的便捷结合起来。同事们的一场关于蓝闪蝶鳞片形状的学术报告让他有所领悟。他不是蝴蝶迷，也没怎么思考过蝴蝶的鳞片，但这场报告让他灵光乍现。他的同事展示了鳞片那松树形状的横截面。

用他自己造的词来说，他受到了“生物启迪”。他采纳了鳞片的“设计原则”（感谢进化），将它们应用到了自己的设计里。“我把受蝴蝶启发而设计的新结构设备与传统设备进行了对比，令人惊讶的是，它更好用。”他解释道：“我们模仿了鳞片的设计。在那之后，我们的想法又超越了自然给予的启发。蝴蝶在不同的方向上解放了我们的思维。”

其他蝴蝶物种则利用“塑料袋”创造了不同的形状和结构色。目前，科学家们尤其关注一种绿色鳞片，它以特定的方式形成，呈现出生动的金属绿色。蝴蝶鳞片上这种特殊结构的发现震撼了全世界——至少是在科学领域内。

几十年前，在20世纪70年代，科学家们就在理论上设想过这种结构。美国航空航天局（NASA）的物理学家艾伦·舍恩（Alan Schoen）多年来在数学领域刻苦钻研，想发明一种新型轻质材料，他产生了一个开创性的想法：螺旋二十四面体。这个想法棒极了。按照舍恩的构想，螺旋二十四面体乃是一系列奇异的数学曲面组成的三维结构晶体，几乎容许无限的能量流动。

要在脑海中描绘出螺旋二十四面体的图像，得先想象一个蜂巢，不过是三维的蜂巢。接着试想，你只需穿过这些无限相连的迷宫，就可以从这个三维立体蜂巢的一个单元任意滑动到另一个单元。

舍恩的理论是，螺旋二十四面体是既复杂又简单的几何体，能够根据需要扩张和增大。它们可以极为经济地做到这一点，因为它们用最少的表面材料实现增大。根据舍恩的构想，螺旋二十四面体能够存在于从相当大到无限小的各种规模的结构上。[16] 舍恩是从星际旅行的视角去思考的，这样的旅行需要坚固却又轻巧的材料。

他的想法影响广泛。旧金山的科学博物馆探索馆（Exploratorium）建造了一个真人大小的螺旋二十四面体，孩子们可以从中爬过。科技公司研究了舍恩的想法，以期发明出更好的太阳能电池和通信系统。这个想法似乎纯粹源于人类的创造力，被认为是革命性的。

结果并不尽然，事实证明它是演化的成果。

几千万年前，蝴蝶就创造了螺旋二十四面体。卡灰蝶将它们鳞片的表面塑造成螺旋二十四面体的结构，通过隔绝特定波长的光来操纵光的流动。可以这么说，所有其他波长的光都消失了，眼睛接收到的，就只有这一种独特的能量波，在我们的眼睛看来，那是一种华丽的金属绿色。

螺旋二十四面体本质上是一种光学滤镜。想想牛顿在玛利亚·西比拉·梅里安的时代发明的棱镜吧，但螺旋二十四面体并没有将光分成一道色色分明的彩虹，而是中和了所有的颜色，只留下一种特别的色调。

一个科学家团队曾称卡灰蝶的螺旋二十四面体是“自然界中对称性最好，复杂性最高，也最有秩序的结构之一”。一队澳大利亚科学家模仿这种蝴蝶的螺旋二十四面体创造了一种人造三维结构，[17] 希望最终能够发展应用于计算机技术，用可操纵光能的信号通路取代现在的焊接板。还有人则将这种结构应用于改善防伪标志。

这一切听起来非常复杂，你可能会想象，特定的一种蝴蝶经过亿万年才演化出不同的色彩。但事实是，这样的颜色变化几乎在瞬间就能发生。耶鲁的一个研究团队在 2014 年发现，蝴蝶能够很快改变颜色，[18] 在进化的时间尺度上，变化过程几乎是眨眼间的事。团队选取了一种翅膀大部分为暗褐色的蝴蝶，让它与一种翅上有些许紫色的近缘蝴蝶杂交。仅仅一年——暗褐色与紫色交配了六代之后——喜人的紫色就取代了暗淡的褐色。

有时，鳞片的颜色会随季节变化。非洲一种生活在稀树草原上的小型褐色蝴蝶在一年中的一段时间内拥有颜色鲜艳的眼斑，但它们的后代却颜色暗淡，借助暗淡的保护色，它们得以在六个月的旱季中生存下来。这看似神奇，但动物对于结构色的利用可以回溯到上亿年前，并且在自然界中相当普遍。一些科学家提出，恐龙可能就利用了结构色，再加上色素，它们华丽多彩的羽毛就是这么来的。

那么，所有这一切又与查尔斯·达尔文以及支持他观点的科学革命者们有何关系呢?

05 蝴蝶如何拯救了达尔文的饭碗

How Butterflies Saved Charles Darwin's Bacon

天上下蝴蝶啦。[1]

——查尔斯 · 达尔文，《“小猎犬号”航行日记》

查尔斯 · 达尔文知道梅里安这个人。虽然没有在自己多如牛毛的信件中提及她，但他有一本百科全书，里面至少翻印了一幅她的画作。达尔文出生时，她的知识已经传遍欧洲，广为人们接受了。达尔文有几位同行对她推崇备至。

青年达尔文乘一艘由英国政府出资的采集探索船，花五年时间环游了全球。在 1832 年至 1833 年间，他搭乘“小猎犬号”造访了南美洲海岸沿线的很多地方。[2] 他的父亲为年轻的达尔文确保了足够的钱，探索过程中想买什么贵重的东西都能买得起。和梅里安不一样，他可是在蜜罐里泡大的。

一生的多数时间里，达尔文似乎并没有对蝴蝶沉迷过。学生时代，别的男孩在野外会捕捉蝴蝶，他则在寻找甲虫。在他的探索之旅中，与其他欧洲人相反，他似乎对鳞翅目漠不关心。1832 年，达尔文在里约热内卢附近的森林散步时，看到了“懒洋洋地飞来飞去的，又大又鲜艳的蝴蝶”。这描述中透露的情绪很难说是一个蝴蝶迷的狂喜，也缺乏达尔文小时候在石头底下发现一只稀奇的甲虫时的兴奋。

他的淡漠态度造成的缺失，被三位后来的欧洲探险家大大弥补了。三人都是维多利亚时代的狂热蝴蝶迷，他们对于蝴蝶翅面图案的研究将提供当代现实世界中的第一份证据，证明达尔文的进化论是对我们这个生命星球上大自然如何运转的实事求是的描述。这些科学家将说明，进化是一个永不停息的进程，它发生在久远的过去，但现在同样在发挥作用，并且将在未来继续运行。

屏息凝神地读过达尔文 1839 年的环球冒险故事《“小猎犬号”航行日记》，还有亚历山大 · 冯 · 洪堡（Alexander von Humboldt）和美国蝴蝶发烧友威廉 · 亨利 · 爱德华兹（William Henry Edwards）的旅行探险书之后，两位青年好友决定在 1848 年从英格兰航行到南美洲，以博物学标本采集者的身份谋一份生计。

这个二人组——时年 25 岁的阿尔弗雷德 · 拉塞尔 · 华莱士（Alfred Russel Wallace）和 23 岁的亨利 · 沃尔特 · 贝

茨——来自曾为中产但家道中落的家庭。他们只受过基础教育，却注定跻身于科学界最显赫的人物之列，这很大程度上是由于他们对蝴蝶的痴迷。两人在英国莱斯特一座公共图书馆中相识并一见如故，读同样的书，探讨共同的科学兴趣。他们都前程渺茫。贝茨在一名袜商手下当学徒。此外，1848年是革命席卷欧洲之年。对两人来说，渡海冒险看来是一个更好的选择。

在南美洲的第一年，华莱士和贝茨一起采集，然后便各自行动了。华莱士于1852年回到了英格兰。不幸的是，他的大多数标本都在乘坐的船失火时毁掉了。获救后，他发誓回到英格兰后再也不出国。但此后不久，他就动身去了马来群岛，在那里遇到了一只蝴蝶，他被蝴蝶的美彻底征服了，以至于当天剩下的时间一直因过分兴奋而头痛。

由于患上疑似疟疾的病，他耽搁在东方，在此期间提出了一个观点，并在一篇题为《论变型无限偏离原种之趋势》（“On the Tendency of Varieties to Depart Indefinitely from the Original Type”）的短论文中加以阐释——基本上就是他自己独立提出的进化论。这篇文章写作于印度尼西亚一座与世隔绝的岛屿上，时间是1858年——达尔文出版《物种起源》之前整整一年。

两人互不相识，但研究的是同一个问题：物种是静态的、不会突变的（不会改变的），还是会随时间而演化（变化）呢？自然阶梯要求的是不变：万物各安其位。进化则容许不断的变化和灵活性，而非僵死的规则：如果万物都依存于其他万物，那就不可能有天生的“优越性”了。

贝茨在南美洲停留了11年，于1859年回到英国——距梅里安首次起航已有160年。1859年是个铭刻在史册中的年份，始于梅里安时代的科学革命达到顶点，各项突破性的发现创造了我们今天生活的世界，这一年也是为变革奠基的一年，这些重大变革将撼动西方文化的根基。在位于波士顿北部小小的家中，默默无闻的新英格兰人摩西·法默（Moses Farmer）在壁炉台上为妻子点亮了世界上第一个电灯泡，标志着我们星球电气化的开端。约翰·布朗（John Brown）突袭哈珀斯渡口军械库，引发了终结美国奴隶制的战争。查尔斯·狄更斯（Charles Dickens）的《双城记》提出警告：除非世界上的富人解决了穷人的需求，否则危险的时代就会到来。

而达尔文则出版了《物种起源》，这本书终结了自然阶梯学说。因此，《物种起源》是有史以来政治上最敏感的出版物之一。如果物种可以进化，并根据环境去适应它们所处的地质时代，那么自然的等级何在？而如果没有自然等级制度，社会又当如何组织？不难理解，为何有些人认为进化论的支持者是与魔鬼为伍的。1859年，玛利亚·西比拉·梅里安的科学发现终于显现了真正的潜能。如果生命不是一个等级阶梯而是一张网，那么谁来统治谁？如果君权并非神授，那么谁将制定行为的标准？在一些人看来，达尔文是一个巧言令色的吹鼓手，正在将文明引向悬崖。论战一触即发。

在一篇《物种起源》的书评里，虔诚事主的昆虫学家托马斯·弗农·沃拉斯顿（Thomas Vernon Wollaston）宣称，所有物种都是不变的，是由上帝创造的。他写道，蝴蝶的存在证明达尔文是错的："我们无法设想，像某些蝴蝶的色彩（以如此细腻且出神入化的技艺融合在一起，遵循色彩的法则，超越了艺术家的手法）这样奇迹般的完美画卷，其产生仅仅和该生命体其他部分的变化有关……"[3]

对沃拉斯顿来说，进化论可不是什么好事。

远非一成不变的蝴蝶，即将成为进化论的一个主要例证。达尔文对沃拉斯顿的敌意深感不安。[4]他们多次讨论过这些问题，他对同行有关蝴蝶的攻讦耿耿于怀。达尔文是一位安静的无信仰者，但他愿意尊重他人的宗教信仰。尽管《物种起源》远比《资本论》更具有革命性，但达尔文不像马克思，他不是一个天生的革命者。

他只是喜欢透彻地思考，得到符合逻辑的结论。到了晚年，他走进一间屋子都会有人鼓掌，但是比起万众瞩目，他还是更喜欢研究蚯蚓——他最后出版的一本书就是以蚯蚓为主题的。当我在达尔文的故居唐恩村的唐恩宅邸（Down House）四周散步时，被蚯蚓实验弄得乱糟糟的庭院依旧如故。他是一位科学探索者，一个慢条斯理的人，还是一位笔耕不辍直至生命尽头的作家。他的最后一本书是：《腐殖土的形成与蚯蚓的作用：附带它们习性的观察》（*The Formation of Vegetable Mould, Through the Action of Worms: With Observations on Their Habits*）。

又是一个招摇的题目。

随着争论愈演愈烈，年轻的科学家如托马斯·亨利·赫胥黎（Thomas Henry Huxley）开始声援达尔文。赫胥黎脾气火暴，自称为达尔文的"斗牛犬"。但达尔文本人却躲到了一个健康水疗中心，治疗自己一直存在的健康问题。（他始终没能从心爱女儿早逝的阴影中走出来。）他希望让纷争平息下去。

事与愿违。等他结束水疗的时候，争论已经激化，如同狂风暴雨。

这时，亨利·沃尔特·贝茨和他的蝴蝶们来救场了。

1861 年 3 月，贝茨给达尔文写信说，他有证据可以证明一些蝴蝶会改变翅面色彩来模拟其他蝴蝶的翅面色彩。贝茨指出，这能帮助它们避免被吃掉。"在这方面，我有数不胜数的事例，"贝茨在结尾处写道，"其中一些相似之处令人目瞪口呆——对我来说，它们是接连不断的奇迹和令人兴奋的喜悦来源。"[5]

有事实证据了！达尔文当时很可能眼前一亮。这正是他所需要的。如果他是维多利亚时代蝴蝶收藏大军的一员，那他可能已经在蝴蝶身上看到了真相。可由于他对蝴蝶不感兴趣，只好由贝茨来点明这些事实。贝茨在西半球发现了一群蝴蝶，用达尔文的话说，这些蝴蝶穿着“欺骗性的衣裙”。[6]贝茨本人则称之为“仿冒者”。

可以说，这些蝴蝶都是老练的诈骗犯。它们伪装成另一种身份。在南美洲的11年间，贝茨对他看到的一切都保留了深入的记录，包括鳞翅目。他注意到，大量特定种类的蝴蝶一起出没的现象很常见。他还注意到，有一种看上去相似的蝴蝶也与大部队一起活动。这种蝴蝶不太常见，奇怪的是，它的颜色和大部队中的蝴蝶很像。

原来，组成大部队的物种不怎么可口。捕食者咬上一口，要么吐出来，要么就会死。然而，贝茨观察到的那个占据少数的种类则是很适宜食用的。可是捕食者们却避开了少数种，就好像它和多数种一样不能吃。换句话说，少数种是仿冒者，它混在不好对付的多数种中求得生存。[7]

这是巧合吗？

贝茨认为不是。

在其他地方，贝茨也找到了非常适宜食用的蝴蝶，它们通过模拟不适口的种类来求生存。真相揭晓，原来一些蝴蝶能够根据周边其他蝴蝶的情况，在短短几代之间迅速改变自己的颜色。正如玛利亚·西比拉·梅里安两百年前揭示的那样，环境条件是其中的关键。

“我觉得我瞥见了大自然塑造新物种的实验室的一角。”贝茨写道。[8]

达尔文兴高采烈地赞同了他。

面对沃拉斯顿的宣言，贝茨的事实证据对于达尔文来说一定是场及时雨。他鼓励贝茨将其发表。当文章以一个相当平淡的标题——《关于亚马孙河谷昆虫区系之投稿》——问世时，达尔文担心了，这份为他的理论提供关键证据的文章可能会被科学界的领军人物忽视。

为了弥补这个平淡标题的不足，他出面给这篇文章写了评论。同行对此颇为惊讶——他通常不会这样做，但他担心这篇文章可能会被“不断涌现的科研文献淹没”。

有了达尔文的力挺，贝茨的文章是不会被埋没的。“文章讨论的主要话题是非凡的拟态相似现象，某些蝴蝶表现出与其他种类蝴蝶的相似性。”他继续写道，“要了解这些昆虫的伪装”，就去看看文章里发表的那些“美丽的图片”吧。“走上一百英里”，你就会找到另一些“嘲弄者和被嘲弄者”的例子，他兴奋地写着。（嘲弄者是指那些模仿真正有毒的蝴蝶的骗子蝴蝶。）

“嘲弄者和被嘲弄者永远生活在同一个地区，我们从来没有发现过一个仿冒者远离它仿冒的对象。”

达尔文继续写道：“那么，我们自然而然地想要知道，一种蝴蝶或者蛾子为何会经常装出远亲种类的外表；让博物学家们困惑的是，大自然为何姑息这些换装的把戏？”

达尔文当然知道答案：“因为变化的法则！”

也就是——进化。

通过改变自己的鳞片颜色，数量较少的昆虫拥有了更好的生存机会。

我仿佛可以看见达尔文得意的样子。

接招吧，沃拉斯顿！

从各方面看，查尔斯·达尔文都是一个善良的人，远非睚眦必报之徒，但他还是忍不住为这场胜利而欢呼。或许，鉴于此前受到的攻讦之猛烈，他的这点小冒失是可以被原谅的。

达尔文还很高兴地发现，进化居然可以在眼皮底下被观察到。这他可没想到。最开始他写道："我们看不到这些进行中的缓慢变化，直到时间之手在漫长的岁月中留下痕迹。"他相信进化的作用"一直"是相当缓慢的。但在听取了贝茨、华莱士以及其他许多人的意见之后，他把"一直"改成了"一般"。

我猜，他很高兴能修改这个用词。

公民科学家一开始寻找，便发现了这种拟态现象的大量实例。贝氏拟态——一个无害的物种采用一个危险物种的色彩——原来是一种日常现象。"蝴蝶注定会成为进化论最优美的实践证据。"达尔文的传记作者珍妮特·布朗（Janet Browne）写道。[9]

第三位博物学家，[10] 德国人约翰·弗里德里希·"弗里茨"·缪勒（Johann Friedrich "Fritz" Müller），在南美洲的丛林中发现了另一种极为神奇的拟态现象。缪勒发现，两个不可食用的蝴蝶物种可能随着时间推移而共同改变翅面鳞片的色彩和花纹，使得彼此更加相似。换句话说，它们达成了协议。基于以数量求安全的原理，它们组成了一个相互保障协会。缪勒说明，如果一个捕食者尝过一只难吃的蝴蝶，那么其他外观相似的蝴蝶，无论是哪个种类，都不太可能成为那个捕食者的猎物。

达尔文又乐了。他先请人为自己翻译了缪勒这本用德语写的书，然后投资公开出版了英文版。他补充说，这是一本“昆虫防捕食骗术大全”，[11] 这项发现令维多利亚时代的社会兴奋不已。“看起来，动物世界很大程度上是由伪装来驱动的。”

如今我们明白，颜色——鳞片颜色、皮毛颜色、须发颜色——往往是简单的遗传因素决定的。一个基因将它开启，一个基因将它关闭。有时，颜色只是为了适应温度的变化。也有时，它事关如何混入群体，或者事关如何脱颖而出。

但要记住：在达尔文的时代，没人知道“基因”和有时很简单的生物变化过程。关于进化能够多么快速地实现改变，我个人最喜欢的一个例子来自鸟类世界。查尔斯 ·R. 布朗（Charles R. Brown）和玛丽 · 邦伯格 · 布朗（Mary Bomberger Brown）收集了 30 年间内布拉斯加州西南部被高速行驶的汽车撞死的美洲燕的数据。[12] 他们发现种群数量在这 30 年间下降了。接着他们发现，幸存的燕子数量开始增加。但活下来的鸟发生了变化。它们的翅膀短了几毫米——差不多 0.1

英寸。翅膀长度的小小改变使得这些鸟能够更快地躲开驶来的汽车。

关于鳞翅目微进化的现代实例，最为人熟知的是英国的桦尺蛾（*Biston betularia*）翅面颜色的变化。[13] 19世纪早期，在工业化前的曼彻斯特附近，这种蛾子是浅色的，带有深色斑点（在英文中叫“斑点蛾”）。由此，这种昆虫得以潜藏在它栖息的浅色地衣和树皮上。工业化大爆发后，这个地区的空气因煤炭污染而变得有毒,这种蛾子中浅色的就消失了。现在的蛾子几乎完全是深色的——模拟普遍被煤烟覆盖的树皮。而在反污染法案通过以后，空气清洁了，浅色的蛾子重新变得常见了。

就在几年前，遗传学家们发现，这种快速变化的能力来源于一段基因的一个特定突变。达尔文等人认为极其复杂，几乎视若奇迹的现象——蝶蛾翅面的颜色变化——我们现在知道它很简单。

事实上，颜色改变也许才是常态。最近，在耶鲁大学的一间实验室里，一队科学家繁育了一群色彩黯淡的蝴蝶，它们有一个恰当的名字，叫蔽眼蝶。科学家们不断将该物种中略带蓝色或紫色的个体进行配对，经过六代，得到了翅面上带有紫色条纹的褐色蝴蝶。“让蝴蝶演化出新的颜色，似乎容易得不可思议。”科研人员安东尼娅·蒙泰罗（Antonia Monteiro）对美国国家公共广播电台说。[14]

就连毛毛虫也是伪装和拟态的专家。很多毛虫会模拟它们所取食的植物的枯叶，其他毛虫则会模拟鸟粪、小树枝、岩石、树皮……这个清单无穷无尽。

耶鲁的毛虫专家拉里 · 加尔（Larry Gall）给我看过一张毛虫待在寄主植物上的照片。他让我在照片上找毛虫。这就像在玩《威利在哪里？》，我一个也找不到。

至于其他毛虫，则拥有完全不同的策略。和蝴蝶一样，它们也会采用震慑战术。

我八岁的孙女埃琳娜在我们家的前院发现了一个这样的例子。8 月中旬，她蹑手蹑脚地穿过蝴蝶花园（现在就是整个前院）时，发现了一只长着黄色蛇眼斑纹的鲜绿色大毛毛虫。这是一只箭纹贝凤蝶（*Papilio troilus*）的末龄幼虫。斑纹大到一目了然，模拟的是蛇大睁的双眼，足以吓走大多数捕食者。

看到那双眼睛时，我立刻往回缩了一下。

不过它没吓住埃琳娜。

她喜欢蛇。

贝茨和华莱士乘船横渡大西洋，从天气阴沉的利物浦来到阳光明媚的南美洲，他们上岸后，发现自己正置身于一个迥然不同的世界。即使贝茨在南美洲受苦受难——他常常穷得叮当响，有好几次病得很重——这个地方还是令他激动万分。他可不想念寒冷的气候。一踏上这块大陆，他便沉醉在视觉狂欢中——蝴蝶似乎数不胜数。英国没有多少种蝴蝶，但在南美洲，有时在仅仅一天的漫游里，他就能见到几百种。

他的精力和自律令人震惊。人类的大脑倾向于慢下来，放轻松，热情总会慢慢消散——我知道我自己就是这样。但贝茨坚持了下去，一周接着一周，一个月接着一个月，整整11年。时不时地，他会有欧洲来的老乡做伴，但更多情况下，他要么独身一人，要么就是和原住民朋友在一起。

回到英国的时候，他已经采集了将近1.5万份动物标本，包括8000个科学上未知的新物种。其中很多在他返程之前很久就寄回家了。有一种蝴蝶是以他的名字命名的：贝氏星蛱蝶（*Callithea batesii*）。他受到了和玛利亚·西比拉·梅里安同样的诱惑，常常为了采集而奋不顾身。“我每天都能采上一盒绝美的蝴蝶，还有其他东西，”他给弟弟写信道，“总是能搞到新的东西；尽管太阳很烈，我也很累，但还是高兴。”[15]

和梅里安一样，他患上了致命的疾病，勉强捡回了一条命。

同样和梅里安一样的是，他中了蓝闪蝶美貌的毒。

“看着这些巨大的蝴蝶三两成群，高高飘浮在热带清晨的静谧空气中，太壮观了。它们隔很长时间才会扇一下翅膀，我注意到，它们不扇翅膀就能飘出相当远的一段距离。”他在回忆录中写道。

PART II

现在

PRESENT

06 阿梅莉亚的蝴蝶

Amelia's Butterfly

……这是飞翔的花朵，除却歌唱，无所不能……[1]

——罗伯特 · 弗罗斯特（Robert Frost）

2016 年的秋天，五岁的阿梅莉亚 · 杰博赛克（Amelia Jebousek）将长发从眼前撩开了无数次。满怀期待的她几乎站都站不稳。终于，时间到了。她高高地举起手，将自己的宝贝放了出去。

在俄勒冈州富饶的威拉米特河谷（Willamette Valley），天空蔚蓝，孩子手中的蝴蝶犹豫着。接着，它张开翅膀，飞上附近的树枝，它确定了自己的方向。在它短暂的生命中，这个小生灵第一次环顾着它注定要在其中飞舞的宇宙，在这里，它将成为科学和人心之中所有最美好事物的象征。

“看看你的身边，看看那些推动地球运转的小小事物。”伟大的生物学家爱德华·威尔逊在《半个地球》中写道。[2]初次读到这个句子，我以为他的优美词句仅仅是诗意的表达。显然，推动地球运转的是我们哺乳动物。人人都能看出来。

当我经历了两年追逐蝴蝶的岁月，现在写下这段文字时，我明白了他的意思。阿梅莉亚手中的君主斑蝶天赋异禀，既灵活，又聪慧——蝴蝶本身的价值远远超过针对蝴蝶的科研项目。这只橙黑相间，体重仅 0.14 克（比一个曲别针还轻）的君主斑蝶，属于一个有翅膀的生命群体，千百年来，人类一直迷恋着它们的美丽。

它迁飞所必需的触角，只有人类的几根头发粗细。它的翅面鳞片在功能上相当于鸟类的羽毛，鳞片如此微小，从翅上分离后看上去不过是一撮灰尘。然而，鳞片的形状如此精巧，只有电子显微镜才能展现它们令人瞠目的复杂结构。

阿梅莉亚的蝴蝶看起来如此脆弱，乃至于弱不禁风。可它并非如此。这只昆虫将展现出了不起的特质。它的本事令人惊讶，将大大增进我们对君主斑蝶的行为，乃至对昆虫世界整体情况的了解。通过我们从它身上学习到的东西，人类世界将取得巨大的进步。

但所有这些都是很久以后的事。眼下，它正忙着调整自己以适应蛹壳之外的生活。它找到了附近一个休息的地方，展开翅膀，制造了一块能让身体暖和起来的天然太阳能电池板。

接下来，它向更高的地方飞去，乘着逐渐温暖的气流上升，直到真正飘飞在空中。随着翅膀的拍动，内置复杂导航系统的精巧大脑神秘地恢复了幼虫时期的经验记忆。它的外观和行为与自己的父母不同，后者是夏季的君主斑蝶，它们只是从一朵花飘落到另一朵，没有明确的方向。

阿梅莉亚的蝴蝶，色彩要浓重一点，个头要大一点，也更适合远距离飞行。和直接亲代不一样，它的身体条件很好，这样才能一路迁飞到加利福尼亚州的海岸线。几乎是立刻，它便开始了自己的任务。

和所有迁飞的君主斑蝶一样，到达目的地后，它将经历一个被科学家们称为“越冬”的过程。它将和其他成千上万只君主斑蝶在树枝上挤成一团，努力在寒冷的天气中保持温暖。

冬季会持续到 2 月下旬，在此期间，它不会吃得很多，而是依赖自己身体里储存的脂肪。春天到来时，它会离开藏身之地，出去寻找花蜜，还有供它在上面产卵的马利筋植株。由这些卵成长而来的蝴蝶会向北飞一小段路，然后产下更多的卵。如此继续，三代、四代或者五代过后，直到秋天再次来临，它的后代将经历同样的迁飞之旅。

它一路飞向西南方，朝着它并不自知的目标。它奇异的复眼十分精密，能够看到我们看不到的光线和颜色的细微变化，下面宽阔而肥沃的山谷尽收其眼底。由于奇迹般的演化的作用，它能够利用它的父母曾来回飞舞的湿地草甸，在夏日温暖的空气中享用受保护的大片野花和马利筋。它们曾在这里交配，产卵，死去。作为蝴蝶，它们最多能活一个月。

这只蝴蝶的一生则不同。太阳的角度，缩短的日照时间，还有它自身的生物学特性，都为它做好了活得更久的准备。它的寿命要长几个月。作为长寿的“玛士撒拉世代”的一员，它肩负着一项非凡的责任：物种的生存。

它选择了一条君主斑蝶可能已经走了几千年的路，高高地升到天空，乘上了吹向南方的风。但它的路途不会与遥远先祖所走的完全一样。它所来到的这个世界已经发生了巨变。当初，它所在的山谷定居着北美洲最早的人类——1.5 万年前甚至更早以前出现的采集–狩猎族群。和所有人类一样，他们在土地上留下了自己的印记，但毕竟手段有限，留下的印记很少。

现在，一条主要公路纵贯山谷。这片广阔土地曾遍布富含花蜜的野花和湿地，如今被农田、葡萄园、圣诞树苗圃，还有大片大片除了榛子什么也不种的单一种植地块占据。这只蝴蝶的先祖曾经生活的环境已经不复存在了。

幸运的是，遗传赋予了阿梅莉亚的蝴蝶足够的灵活性。尽管山谷在此前一个世纪中发生了巨变，但它仍然能够追随大脑中深埋的古老线索，到达自己的目的地。这是进化的光辉杰作，达尔文称之为“奇观”。阿梅莉亚的蝴蝶具有出类拔萃的生存技能。

这个孩子的蝴蝶还将取得另一种形式的成功，那将赋予这个看似不起眼的小生灵一个完全属于现代的角色。阿梅莉亚在这只蝴蝶的翅膀上安放了一个轻若无物的聚丙烯标签。这个比大拇指甲还小的标签提醒任何一个看到这只昆虫的人：亲爱的先生 / 女士，敬请将您观察到这只昆虫的位置发送给负责君主斑蝶监测项目的科学家。上面提供了一个电子邮箱。

这个标签起作用了。接下来的几个月里，很多人拍下了阿梅莉亚的蝴蝶的数码照片，用电子邮件发给了负责项目的科学家大卫 · 詹姆斯。于是，这位昆虫学家分享了它的故事。

从最简单的层面来讲，君主斑蝶的生命周期就是所有蝴蝶和蛾子的生命周期。就像玛利亚 · 西比拉 · 梅里安几百年前揭示的那样，雌性会产卵。卵会渐渐成熟，成为幼虫。幼虫从卵中孵化出来，开始进食。随着时间推移，幼虫不断长大，在此过程中经过几次蜕皮——这些阶段叫作“龄期”。接着，幼虫会变成蛹——如果是蝴蝶，它是裸露在外的，也称为裸蛹；如果是蛾类，则包裹在茧里面。时机一到，这只昆虫便从隐蔽处羽化而出，成为一只长大成熟的飞行生物。

但这只是一般规律。在这个有大约两万个物种的昆虫类别中，每一种都完美适应着自己所生活的生态系统，因此每一种都有一套独特的生命周期。事实上，即使在同一物种内，不同的蝴蝶个体也可能过着不同的生活。

君主斑蝶便是这一点的优秀例证。北美洲生活着两个主要的君主斑蝶种群：落基山脉以东的君主斑蝶和落基山脉以西的君主斑蝶。一般来说，西部种群会迁飞到加利福尼亚南部海岸去过冬。东部种群则向南迁飞，有时一路到达墨西哥。但在特定的种群内部，有些君主斑蝶会迁飞，另一些就不会。多数迁飞的雌性无法繁殖。人们曾认为它们“从不”繁殖，但就在最近几年间，这个说法被推翻了。如果环境条件适合，迁飞的雌性就很可能产卵。

君主斑蝶是一个“杂草般的”物种。这可不是贬低它们，而是褒扬。它们具有顽强的生命力。一些蝴蝶物种——比如后文将提到的小灰蝶们——拥有高度专化的适应性，以至于生活体系哪怕受到一点点干扰，这个物种的未来都会陷入危机。

可是说到君主斑蝶，就不是这么回事儿了。君主斑蝶是生存大师。在南方的一些州，比如佛罗里达，有的君主斑蝶种群全年生活在那里，从不迁飞。在古巴、墨西哥、西班牙、关岛，甚至澳大利亚，也有君主斑蝶。澳大利亚的一些君主斑蝶会随着季节变化迁飞，而另一些——甚至可能是同一居群里的其他个体——就不会。科学家们并不确定为什么会这样，但在这本书的后面你会看到，每过一年，他们都越发接近这个问题的答案。

然而，君主斑蝶的生存却依赖着一个不容商量的条件：马利筋。这是绝对必要的。没有马利筋，就没有君主斑蝶。

君主斑蝶很幸运，全世界有大约200种马利筋。这些生命力顽强的植物曾被我们视为必须铲除的杂草，它们能开出令人震撼的美丽花朵，其色调从简单的白色，到闪亮的橙色、红色、黄色、粉色……但君主斑蝶需要的并不是马利筋的花。

而是它们叶子里的毒。

自从那段传奇登上《国家地理》杂志1976年8月号的封面，我就知道了著名的君主斑蝶故事。[3]从那时到现在，几十年过去了。每年秋天，数以千万计的橙色蝴蝶都会从北美大陆北方各地向南飞到墨西哥，在那里突然向西急转，迁往高处，在12 000英尺高的山峰上落脚越冬。有时，它们密密麻麻地凑在一起，把树枝都压断了。

在那里，它们抱团取暖，度过冬天，直到2月下旬，它们才向下飞到墨西哥平原。它们取食花蜜，在马利筋上产卵，并再次开始向北扩散。很长一段时间里，《国家地理》上的故事成为全球范围内的话题。这真是不可思议：这么小的一种昆虫，有时竟能迁飞几千英里。它们是怎么做到的？

我将会发现，这个故事里不只有漂亮的翅膀和不可思议的飞行行为。我希望进一步了解，于是前往西海岸，去拜访阿梅莉亚和她的科学家同道们。

有时，加利福尼亚似乎是专门被打造来考验人类灵魂的。洪水。火灾。塌方。地震。致命的旱灾。更加致命的雪崩。森林大火肆虐数千英亩。整面山坡都会突然崩塌。

如果你从没到过加州，只在新闻上了解过这里的自然灾害，你可能会奇怪为什么还有人住在这里。至少我自己这么想过，那是 2017 年 2 月，百无聊赖的一天，阿梅莉亚的蝴蝶踏上旅程的几个月之后。

通常，冬季降雨会通过一种被称为“菠萝快车”的暖湿气流，从夏威夷及其以西的地方来到加州。“菠萝快车”的运输任务是将湿度带到这个州，但近年来，气象系统开了小差。结果在 2016 年，加州经受了一场严重的干旱危机。所有生命都受到了伤害。植被无法茁壮成长，意味着动物的生存压力也变大了。人们收到了节约用水的建议，从减少洗车次数，到只要卫生过得去就不冲厕所。

接下来的一年，雨神看来是在试图弥补之前的吝啬。加州洪水横流，迟迟不退，令人害怕。我在想，蝴蝶会怎么样呢？根据加州水资源部的数据，这个年份是有记录以来加利福尼亚北部降雨最多，全州范围内第二多的。和雨水相关的灾害不胜枚举。我在那儿期间，生活在旧金山以北 150 英里的奥罗维尔大坝（Oroville Dam）——美国最高的水坝，高 770 英尺，由泥土筑成（没错，真的）——下面的大约 20 万人在一个凄凉的夜晚被疏散，因为这道屏障的主体部分被直接冲走了。

在这种天气里，阿梅莉亚的蝴蝶过得怎么样？

经过短短 19 天的旅程，她那只标签号码为 A4853 的君主斑蝶就出现在了旧金山北滩，在码头四层楼上的屋顶花园享用着马鞭草和马缨丹的大餐。[4]这座公寓的住户莉萨·德·安杰利斯（Lisa De Angelis）给它拍下了视频，它的状况只是略显萎靡而已。当德·安杰利斯注意到粘在君主斑蝶翅上的小标签时，她将照片放大，看到了小小的邮箱地址和将观察结果发送给负责协调这个项目的科学家的请求。这只正在进食的昆虫的影像很快就发到了大卫·詹姆斯的邮箱里。

当时，这只蝴蝶已经飞了470英里，或者说每天将近25英里。得知这点，我很惊讶。我从没想到蝴蝶竟会如此有方向感。这是一个全神贯注的小生命。詹姆斯认为，尽管飞了这么远，A4853的状况看起来还是相当不错的。在经历了这么长的旅途之后，蝴蝶的翅膀往往破破烂烂的，没有光泽，也许还有几个被鸟喙啄出来的三角形缺口。阿梅莉亚的君主斑蝶却仍然显得活力满满。

发现一只带标签的蝴蝶多少是一件稀罕事，是一场愉快的邂逅。阿梅莉亚和她的妈妈实际上放飞了22只君主斑蝶，但只有这一只重新被人发现。从2012年到2016年，詹姆斯主持的完全由志愿者参与的贴标签项目已经放飞了14 000只君主斑蝶，其中只有60只被人再次看到过。

北滩的这次目击尤其有帮助。带标签的蝴蝶被发现时通常出现在地上，已经死了。找到一只活着的有标签的君主斑蝶令人欣喜，詹姆斯说。并且他以为，这就是它的终点了。

他错了。23 天之后，在旧金山南部圣克鲁斯（Santa Cruz）海边的灯塔观测站，志愿监测员约翰 · 戴顿（John Dayton）看到它与其他大约 10 000 只君主斑蝶一起，在一棵柏树上休息。这件事儿很好玩，不过后面还有呢。11 月 25 日，俄勒冈人艾丽丝 · 汤森（Aleece Townsend）在离天生桥州立公园（Natural Bridges State Park）几英里远的地方看到了阿梅莉亚的蝴蝶。

这似乎是一个耐人寻味的选择。天生桥曾经是君主斑蝶极其喜爱的一个越冬居所。君主斑蝶的整体数量下降了吗？或者发生过什么事，让这个地方不再宜居了？

汤森是来自俄勒冈州西南部罗格谷的一大群热忱投入的君主斑蝶监测者中的一员，在几年前见过詹姆斯，被他的激情感染，便驱车六个半小时来到了圣克鲁斯。“它们在罗格谷曾经有成千上万，”她对我说，“现在只能偶尔看到了。”她很高兴地将这次目击报告给了詹姆斯。

但阿梅莉亚的蝴蝶还没准备好挤成一团越冬。12 月 30 日，约翰 · 戴顿前往莫兰湖（Moran Lake），那儿距离天生桥几英里，中间隔着一个小海湾。在那里，他看到 A4853 号蝴蝶落在一棵树上，看上去状态并不差。像这样的事情从来没有被报道过——同一只昆虫在四个不同的地点被分别目击到。阿梅莉亚的蝴蝶，这个不安分的小家伙，正在颠覆人们普遍接受的诸多认知。

07 君主斑蝶的太阳伞

A Parasol of Monarchs

……一阵金色亮片的雨落在你面前。[1]

——罗伯特·迈克尔·派尔（Robert Michael Pyle）

蝴蝶有着隐秘的生活，而且它们不会轻易道出自己守口如瓶的秘密。几十年前，北美洲落基山脉以东和以西两个君主斑蝶种群的目的地，都是难解的谜题。科学家们相信，高高的山脉以西的君主斑蝶会飞到加州的海岸线，但没有确凿的证据可以证实他们的猜想。现在，有了詹姆斯等科学家的研究，我们不仅确切知道了它们最终的目的地在哪儿，还知道了它们经由哪些路线到达那里。

此外，由于詹姆斯的研究，我们得知，君主斑蝶落在一棵树上越冬并进入半休眠的假设是错误的。我们甚至知道了，一些个体能活很长一段时间，不一定要在寒冷季节的末尾飞离栖息地。2019 年夏天，詹姆斯宣布，他的民间科学志愿者们发现了一只十个月前在俄勒冈州阿什兰被放飞的雄性君主斑蝶。

在休息期结束时，这只蝴蝶没有“像所有循规蹈矩的君主斑蝶那样，离开海岸边的越冬地向内陆进发。看起来，它选择逗留在海滩旁边，在大海附近晒着太阳度过晚年”。詹姆斯在他的脸书页面上写道。

也许，异常行为在这个物种中很普遍。离经叛道者总是会有的。追踪调查和遗传学研究同样显示，一般认定为被山脉的高度阻隔，分别居于山脉以东和山脉以西的两个种群，在遗传上是相同的。“我们以为落基山脉就像一道柏林墙，”昆虫学家萨里娜 · 杰普森（Sarina Jepsen）对我说，“现在我们知道不是这样的。”两个群体究竟是怎么样混合在一起交配的，现在还不清楚。

从花最初演化出现开始，蝴蝶这个类群已经存在了相当长的时间。这不是巧合。大多数蝴蝶都需要花，大多数蛾子——蝴蝶从中发源的类群——则不。因此，蛾子在花出现之前很久就出现了。只需看看数字，你就能明白。蛾子有 16 万种左右（还有更多不断被发现），但蝴蝶只有大约 2 万种，这表明蛾子演化的时间比蝴蝶长得多。

换句话说，当花演化出来时，它们渐渐奴役了一些蛾子，将其变成了为花主人效力、行使重要职责的蝴蝶。看来花是相当精通权谋的。

“花朵将蝴蝶和蛾子当作可以收买的花粉携带者。”蝴蝶生物学家丹尼尔·詹曾（Daniel Janzen）和威妮弗雷德·哈尔瓦克斯（Winifred Hallwachs）在他们精美的书《100种蝶与蛾》（*100 Butterflies and Moths*）中写道。

如今，为大自然在全球的精彩表演提供原动力的，正是花朵。没有花，蝴蝶很可能不会存在。

事实上，我们人类可能也不会存在。

那年2月，和昆虫学家金斯顿·梁（Kingston Leong）一起坐车的时候，我琢磨着开花植物是如何偶然出现的。我们要去探访他最喜欢的几片有君主斑蝶栖居的林子。加州的海岸边曾经有400多个地点，君主斑蝶在10月至来年2月之间会聚集于此。近年来，这些地点中有大约一半被放弃了，可能是因为这些地点随时间而变化，不再符合蝴蝶的需要了，也可能是因为君主斑蝶的数量在下降，或者因为君主斑蝶只是比我们从前所想的更加喜欢冒险、漂泊不定。

无论如何，现在的越冬地范围是从旧金山北边一点的地方沿海岸一路向南，直到洛杉矶附近。这些地点提供的生境质量和出现的蝴蝶数量参差不齐。有些年年都会被使用，另一些则不会。

为了亲自观察，我来到了加州中部的海岸。梁负责的监测地点有很多，在带我看了其中几个之后，他想让我开开眼界，看看君主斑蝶面对的选择有多丰富。

我们见面的那天早上，雨虽很小，却一直在下。薄雾笼罩在太平洋上，这个地球上最大、最重要的水体在离岸几英尺外便看不见了。从我住的海滨酒店往外看去，满眼皆是雾气。我又套上了一件衣服。我开始打喷嚏了。

我们先是去了一个在观赏蝴蝶的旅游者中极受欢迎的著名地点：皮斯莫海滩（Pismo Beach）君主斑蝶森林。记录显示，这些昆虫在这里聚集已经有很多很多年了。梁指出，这个只有几英亩大的地方近乎完美。这里离太平洋足够近，蝴蝶可以享受海洋调节的温和气候；却也足够远，可以避免海洋风暴肆虐时的风雨侵袭。这里足够靠南，夜间的气温凉爽却又不冷；也足够靠北，日间的气温不会热到将君主斑蝶杀死。

皮斯莫森林坐落在加州辖境中的一小块土地上，这里大部分用于露营和海滩休闲，君主斑蝶只占用了很小的一部分。大约从 10 月到来年 2 月中旬，当它们栖息在这里时，志愿讲解员会提供免费的公益讲解。他们漫步在那条短而曲折的步道上，穿过小小的蝴蝶森林时，游客们抬头就可以看到这些栖息的昆虫。讲解员会回答游客的提问，同时确保人们不会不小心踩到从树枝上掉下来的蝴蝶。这种事情经常发生。

每年都有成千上万人来到这里看蝴蝶。我来访的那几天里，看到络绎不绝的人流静静穿过这座森林，多数人全神贯注地伸长脖子，望着头顶高高的树枝上的昆虫。拿着昂贵观鸟镜的退休一族，与坐轮椅的人们和抱着襁褓的母亲混杂在一起。我看到了男人、女人、德国人、美国人、加拿大人、说西班牙语的家庭、裹着头巾的女子、带着伞的人、各种肤色的人。糟糕的天气似乎并未打消任何人的热情。

这座森林显然已经成了某种神殿，热爱蝴蝶的朝圣者心目中的旅途终点。于是，皮斯莫森林得到了蝴蝶旅游业的大量投资。以君主斑蝶为卖点的招牌密密匝匝地张挂在村中心，就像蝴蝶聚集在树枝上一样。如果你是来找蝴蝶的，那么你至少知道自己来对地方了。就连当地的面包坊都会出售君主斑蝶形状的曲奇，上面用烤焦的酥皮模仿着橙色翅膀上的翅脉。

在繁忙的1号公路路肩，梁把车停在了那片小树林旁边。当时还是一大早，但公路上已然川流不息了。一连串集装箱货车轰然驶过，还有轻型卡车、摩托车和轿车。车喇叭响个不停，刹车声尖厉刺耳。公路旁边有一条铁路，再旁边是一片住宅区，一座座平房挤在小块土地上。作为和大自然的象征物交流的所在，这里看起来有些怪异。蝴蝶们不会受到打扰吗？

梁回答说，他带我到这儿来是为了让我对这种蝴蝶能够耐受的环境类型有一个感性的认识。当然啦，他说道，我们不知道它们在这样的地方生存得怎么样。噪声和污染很可能对它们造成了影响。近期的研究表明，[2] 情况确实如此，但这些昆虫仍然年复一年地来到这里，虽然数量一直在减少。看似纤弱的君主斑蝶表现出了与一系列人类行为共存的能力，其范围之广令人惊讶。

它们为什么来到这里？梁等人发现，在加利福尼亚越冬的君主斑蝶偏爱一种特定的“微气候”——一片树林中的树枝足够多，可以让大量的蝴蝶在靠近海的地方栖身，又能抵御强风的侵袭，并且在上午中段和下午中段这两个时间享受到阳光的温暖。这要求在我听来太高了，但梁将会让我看到，这样的地点比我想象中的要多。

离开皮斯莫海滩，我们又去了其他的几小块地方，这里几英亩，那里几英亩，四散分布在这一整片高度发达的地区。我原本以为君主斑蝶需要大片野地。我想错了。

在西海岸的蝴蝶迷圈子中，梁很出名。[3] 几十年前，他在初次探访君主斑蝶越冬地的时候，就爱上了这种昆虫。太阳出来的时候，他抬头望向树梢，看到这些昆虫正在伸展翅膀。这种体验几乎是超凡脱俗的，好像看着大教堂里的七彩玻璃窗。梁感觉自己仿佛看到了大自然中的巴黎圣母院。

以教授的身份退休以后，他仍然致力于确保君主斑蝶在加州海岸沿线的未来：“我在给它们创造冬季度假村。”他可没有异想天开。当这片地区的土地所有者在自己的地盘发现君主斑蝶时，梁就是他们要致电的那个人。这样的事情并不罕见。地主很可能买的是一块没有君主斑蝶的土地，可过一段时间，随着树木生长，风和温度的条件变化，这里可能就会出现君主斑蝶。

不过，如今更常见的是相反的情况：随着时间推移，曾经容纳了君主斑蝶的土地最终被这些昆虫遗弃了。其中一些可能是由于昆虫总体数量下降，但也有其他因素在起作用。这就是梁的切入点。如果这个地点本身的质量正在下降，梁就会试图找出原因并努力改善状况。本质上，他是在探究如何在自然条件下实现蝴蝶养殖。

当土地所有者与梁联络时，他就会到现场考察，制定一套着眼未来的管理方案。梁向土地所有者传授关于树的知识：和其他的生命形式一样，树不是一成不变的。有些树会变老，然后倒下，必须种下其他的树来顶替它们的位置。新树必须提前几年种下，因为这些树需要时间成长。种树要种好，计划要做早。

可是归根结底，君主斑蝶想要的是什么？梁将自己生命的最后这些年——“我还能再活十年吧，然后就完事儿了。”——花在了思考这个问题上。他觉得这是自己留给这个星球的遗产，是为自己所受的厚待付出的报偿。

每到一处，他首先会建立一份风况档案。越冬的蝴蝶无法很好地应对强风，强风很容易将它们吹落在地。所以他要知道风主要是从哪儿吹来的。风力有多强？是否受到树木或地形的缓冲？在未来几年有没有老树可能倒下？如果有，现在是否应该种下小树以取代那些老树？小树应该种在哪儿？

他也研究阳光，在凉冰冰的一夜过后，阳光是蝴蝶们暖和起来的关键。上午和下午，光线会在什么时分穿透枝丛？上午 10:00 左右，还有下午 2:00 左右，阳光是否足够强，却又不过分炽烈？原来蝴蝶是很讲究的，它们在上午中段和下午中段阳光最怡人的时候四下飞舞。在研究一片树林时，梁会努力确保没有其他的树或粗枝在这段时间挡住阳光。

一家高档住宅开发商曾经请梁在一个巨大的住宅开发区中创造一片君主斑蝶林。这块土地上曾经有一处君主斑蝶的聚集地，但这些昆虫后来几乎消失了，只剩下了几百只。梁开始在这个地点工作，并选出了他认为蝴蝶可能会使用的第二个地点。尽管并没有证据显示这里曾经有蝴蝶活动，他还是想知道自己能否吸引蝴蝶到这片新树林里来安家。他的方法奏效了。几年后，蝴蝶开始出现。现在，这家住宅开发商把蝴蝶当成了市场营销的招牌。君主斑蝶袅袅婷婷张开翅膀的图像到处都是——就连卫生间的墙上都有。

这么说来，如果你种了树，它们确实就会来。

最后，我们开车前往最出乎我意料，也是我个人最最喜欢的一个地点——归圣路易斯–奥比斯波县公园及娱乐管理处所有的莫罗湾（Morro Bay）高尔夫球场。尽管时间尚早，俱乐部会所的停车场还是满满当当，于是我们又开远一点，停在了一段路肩上。接着，我们走过球场，在冒着阴雨打球的人群之间穿行。

一般来说，穿过一片繁忙的高尔夫球场足以令别人抓狂，就像冒犯了圣地一样。当然喽，工作人员很快就会出现，把你从球场上带走。

球手们疑惑地看了我们一秒，然后便朝着一片高大树林的方向点头示意，树林靠近山顶，那里可以看到美妙的海景。

“看蝴蝶啊？”他们问道。

“看蝴蝶。”我们点头回答。

然后就没事了。

我从没见过比这更美的高尔夫球场。在球洞区，球手们的目光可以越过翠柏点缀的一座座小山丘，眺望大海。在这个小而繁忙的球场之中，一片生长了大量柏树的区域被分隔出来，当我们到达时，树上挂着成千上万只君主斑蝶。它们的翅膀并拢，使得树的枝杈看起来像被干枯的树叶覆盖着。过去，这里的蝴蝶多达 10 万只。去年，这里有 2.4 万只。今年呢，只有 1.7 万只。

造成数量下降的原因有很多，但这里具体的原因在于，许多在君主斑蝶越冬地与大海之间作为缓冲的树近年来被大风和暴雨摧毁了，昆虫不再受到和以前一样周全的保护。梁做了一次风况研究，指出了几个可以栽种新树的地方。他将自己觉得会遮挡这些昆虫所需的阳光的几棵树挪走了。他还确定了另一块区域，认为随着时间推移，那里会成为另一个好的越冬地。

他是在一座高尔夫球场的中间为蝴蝶安排栖息地啊。我再一次为蝴蝶能与人类的古怪行为共存而惊讶——这里说的古怪行为，是指人们将坚硬的、小小的、圆形的、白色的物体打得飞来滚去。我本以为这些昆虫至少偏爱田园风光，但这块球场已经活跃了将近一个世纪，所以蝴蝶们一定已经与飞行的高尔夫球达成了和平共处。

我仍旧很好奇，一座高尔夫球场为什么会需要蝴蝶。我与球场的老总乔希·希普蒂格（Josh Heptig）聊了很久，他刚参加了一场关于高尔夫球场管理的国家级会议，并获得了一个环境管理方面的奖项。

他的谈吐不同于我见过的任何一位高尔夫球场经理。希普蒂格将自己独特的观念归因于多年前在读大学时的一次经历。他参加的高尔夫球场管理班正在研究离他们教室不远的一座新建高尔夫球场的开业。反对建设高尔夫球场的人们举着标语，上面写着："要小鸟，不要小鸟球*。"反对者们被请到教室里，谈谈他们关心的问题。这次经历为他打开了视野。

他决定，小鸟和小鸟球两个都选。管理者为何不能兼顾两者，或者说顾及蝴蝶呢？在莫罗湾，他听从梁的建议，让一群三到七岁的孩子种下了 80 棵柏树。接下来，为了庆祝球场开业 50 周年，他们又种下了 50 棵树。

不是人人都为这些树感到高兴。你或许认为，打球的人们会抱怨，但即便如此，他们表达得也相当低调。来到这座

* 小鸟球，指高尔夫球手在一个球洞上获得低于标准杆 1 杆的成绩。——编者注

球场的时候，他们就知道自己来的是什么地方。最恼火的是当地的地产业主们，他们不希望新栽种的树挡住海景。不过孩子们是颇为开心的。在社区里，一看到希普蒂格，他们就会问可不可以过来给自己的树浇水。一人难称百人心嘛。

从 11 月到来年 2 月，蝴蝶在这里落脚的时候，希普蒂格会带着游客们从球洞区来到君主斑蝶的树林，不只告诉他们蝴蝶的价值，也告诉他们自己的想法，他认为在一个越发拥挤的世界里，高尔夫球场未来将扮演的角色。

“欢迎来到高尔夫球场，”他开始了自己的导游讲解，“各位到地方了——但大家是否想象过，你们会在一座高尔夫球场里面看到蝴蝶？”

在他眼里，自己的做法与苏格兰的圣安德鲁斯（St. Andrews）如出一辙，那里号称“高尔夫之乡”，据说有600 年打高尔夫球的历史。圣安德鲁斯人保存着当地鸟类的名单，并有特殊的野花种植区域，以吸引包括几种蝴蝶在内的传粉昆虫。有几种蓟饱受园丁责难，却受到很多种蝴蝶和鸟类的喜爱，于是它们的种植也得到了支持。

希普蒂格管理的另一座高尔夫球场因为对野生动物栖息地的成功保护而获得了奖项。他搭建了猛禽栖落架来吸引鸟类，这会降低高尔夫球场因清除鼹鼠等害兽而使用化学药剂的需求。他让球场上的野生动物增加了大约三分之一——对于这件事，他颇为自豪。“显然，动物们来到了这片区域。它们现在就选择待在我们的高尔夫球场了。”

“我们必须得有一个可持续的商业模式”，他解释道，他所说的“可持续”，是指开放球场，容纳各式各样的活动。莫罗湾有时会举办社区活动，比如赛跑。在希普蒂格的牛乳溪（Dairy Creek）高尔夫球场，球手们会曲曲折折地穿过有咩咩叫的新生羊羔的田野，老鹰在专为它们设计的栖落架上欣赏风景，也注视着球手。这座高尔夫球场是零排放的：所有有机废弃物，从俱乐部会所的厨余垃圾到割下来的草叶，都被放置在堆肥系统里，然后作为肥料施用，来保持球洞区的健康。

因此，当希普蒂格看到使用莫罗湾越冬地的蝴蝶数量正在减少时想要为此做些什么，也就不足为奇了。这个地点在当地已经很有名了。他的蝴蝶旅游项目参与者甚众。现在，希普蒂格正在设计修建一条从俱乐部会所到蝴蝶林的有遮蔽的铺砖步道，这样一来，人人都可以看到这些昆虫，而不必冒着脑袋被球砸到的危险。

梁和我站在莫罗湾球场冷冽的空气中，讨论着这些长期的目标。抬头望去，君主斑蝶翅膀并拢，挂在树枝上，就像尚未掉落的暗淡的枯叶——蝴蝶演化出了向冒失鬼们传递信号的伪装。“走啦走啦。这儿没啥可看的。”

我有点茫然。我从科德角一路飞了几千英里，就为了看这个？

我忍着没把抱怨说出口。

我们静静地站了一会儿。我提议去吃午饭。当时大约是下午两点钟。我在阴冷的天空下打着哆嗦，脑子里想的是一碗热乎乎的杂烩汤。

这时，就像是到了上天指定的时刻一样，云层分开了。一束束光线出现了。蓝天。阳光。气温稍稍暖和了一点。

那一团团的枯叶起飞了。我们头顶上空到处是光华四射、橙黑相间的翅膀，还有蓝色的天空和蓬松的白云。在我们站立的峭壁下面，太平洋闪耀着粼粼波光。

在头顶上为我们遮挡着阳光的，是一把名副其实的君主斑蝶太阳伞，它在空气中轻快地飘动着。这些蝴蝶沐浴着阳光，热烈活泼，没有固定的方向，满满都是我们人类所说的“愉悦”。

08 蜜月酒店

The Honeymoon Hotel

> 太阳每天从创世神的口中出现，在冬天，它的光芒就变成了蝴蝶。[1]
>
> ——墨西哥原住民传说

蝴蝶们热爱自己养尊处优的日常生活。就像皇室贵族一样，它们直到想起床时才会起来，那个时间，正如我已经提到的，一般是上午 10:00 前后。

它们遵循的是过去人们所说的“银行家的时间表”，在我看来，这种做法相当聪明。我起床很早，可是直到差不多这个时间才会真正精神起来。这也是为什么那天在见到梁之前，上午 9:30 左右，我没好气地站在加利福尼亚皮斯莫海滩蝴蝶栖居地的停车场附近。我出门太早了，还没有时间思考。况且，那时的天气——万万想不到啊——潮湿又阴冷。

君主斑蝶同样不喜欢下雨。它们以枯叶的姿态蜷缩在树枝上。对于看蝴蝶的游客们来说，这没什么可看的。我到得很早，没发现什么新鲜事，幸运的是，早起的鸟儿有虫吃。就算蝴蝶们不情愿起床，我这一天的工作时间也没白费。有一场公共讲座在上午 10:00 举办。更棒的是，一位热忱的讲解员，也是我在为本书调研期间遇见的志愿者之一，揭示了皮斯莫海滩的君主斑蝶的秘密爱情生活。

我最喜欢秘密了。

我直接在园区里的一把长椅上安坐下来。

尽管天气不好，人们还是聚了过来。现场远远超过 50 人，大家穿得厚厚的，戴着暖和的帽子，撑伞遮挡着阵雨。我们迫不及待地想了解更多君主斑蝶的显赫事迹。这一小群里有好多孩子，其中不少刚过蹒跚学步的年纪。这件事后来被证明很重要：这位女性志愿者和蔼可亲，看上去刚从教师岗位上退休，她将要讨论一些相当不好把握的话题。

一开始，她讲授的是基础知识。雌性君主斑蝶会在马利筋上——而且只在马利筋上——产下约有针头大小的卵。它们将卵产在叶子的背面，通常一片叶子产一枚卵。君主斑蝶不是唯一利用马利筋的昆虫。其他一百多个物种也是如此，这表明马利筋一度比现在常见得多。不过，竞争并不如看起来的那么激烈，因为并非所有昆虫利用的植株部位都和君主斑蝶相同。

根据天气、温度和一年中的时节（后文详述），三到五天之后，一只小不点儿的幼虫会孵化出来。这个新生的生命体是如此之小，我直直地盯着它却看不到。

这只毛毛虫会在接下来的 9 到 16 天里拼命啃食马利筋，先从卵所在的那片叶子吃起。幼虫必须吃马利筋，而且只能吃马利筋。可怜的家伙。在这件事上，这种生物别无选择；除了马利筋，别的植物都不行。对于君主斑蝶的幼虫来说，刚从卵壳中孵化出来，生存的压力就立刻降临了。

首先吃掉饱含营养的卵壳之后，它要足足喝上一顿，用昆虫学家米瑞亚姆·罗斯柴尔德（Miriam Rothschild）女爵士的话说，就像“猫喝牛奶”。[2] 事实上，它是豪饮了一通马利筋汁液，将自己沉浸在那东西里面——根据生态学家阿努拉格·阿格拉沃尔（Anurag Agrawal）的记载，有时“沉浸”不是修辞，而是实际情况。[3]

我们许多人，如果在童年时接触过大自然，都会对马利筋汁液的黏性很熟悉。撕开一片马利筋的叶子，这种橡胶汁般的黏液就会“涌”出来，研究君主斑蝶的生物学家林肯·布劳尔告诉我。然后它会风干，再然后你的手指就会被粘在一起。假装自己的手指被这种黏性很强、不易弄掉的物质给粘牢了，是童年的一件乐事，它会一直黏糊糊的，很烦人，永远不会从你的手上自动脱落，直到你在附近的小溪里费尽力气把它洗掉。

长大以后，我们将会知道这种物质叫作乳汁。乳汁绝非罕见。大约 10% 的植物物种演化出了利用乳汁的能力。橡胶树的乳汁能制成汽车轮胎。人们发明了合成橡胶，但不如天然乳胶耐用。这个星球上没有任何其他东西可与之媲美。

马利筋的乳汁是彻头彻尾的坏东西，全是毒素。有名的君主斑蝶研究者林肯·布劳尔曾经尝过一点："差点把我撂倒。味道太恶心了。我吐了好多口水，几乎呕吐起来。"[4]

有意思啊，我想。我自己倒没有把奇奇怪怪的东西放进嘴里的爱好。但是野外科学家们却似乎表现出了某种男子气概，他们可以在拼啤酒的时候拿这个来吹牛。说起这种无谓的鲁莽行为，就连查尔斯·达尔文都无法免俗："有一天，我揭开几块老树皮，看见两只稀有的甲虫，就一只手抓了一个；然后我又看到了第三只，是个新的种类，这我可不能放过，于是就把右手拿着的那只扔进了嘴里。嚯，它喷出了某种极其辣嘴巴的液体，直烧我的舌头……"[5]

大多数科学家都在这样的实验里幸存下来……

可能是 20 世纪最广为人知的另一位蝴蝶专家弗拉基米尔·纳博科夫曾经写道，在佛蒙特州时，为了检验君主斑蝶与副王蛱蝶之间的相似性，他把两者都品尝了，发现它们同样"糟糕"。[6]纳博科夫的点评之所以流传甚广，主要因为他创作了惊世骇俗的《洛丽塔》而声名显赫，该书讲述了一名中年男子对年轻女孩的迷恋。（那是在 20 世纪 50 年代，写这样的东西可是禁忌。）

刚孵出来的幼虫必须吃马利筋，[7]这件事颇具讽刺意味：

毛毛虫的第一场畅饮很可能也是它的最后一场，因为小时候将你的手指粘在一起的乳汁同样可以将毛毛虫的颚齿粘死，于是它就会饿死。阿格拉沃尔指出，大约 60% 的幼虫会因这第一顿饭而死——这是个很高的比例。即便它们的颚齿没有中招，这些动物也可能因为脚被粘住这样寻常的事情而死去。

有时，为了减少危险，幼虫会通过啃咬叶柄与植物主茎之间的连接处，成功地将叶子与植株分离。这让它的工作变得不那么麻烦，因为叶片里的乳汁会以较小的压力涌出，而幼虫则可以更小口地吃掉这些营养。有些时候，它甚至会小心翼翼地在叶片中咬出一个圆圈，然后从圆圈的中间进食，由此大大降低乳汁喷涌的压力。不过大多数情况下，它只会径直开始狼吞虎咽，寄希望于绝佳的运气。

它对于吃掉马利筋的叶子、喝下苦涩的乳汁的执念看起来极为残酷，好似希腊悲剧的戏码：身不由己地去拥抱我们自己的死亡之源，那是致命的诱惑。而且，这个可怕的事实不仅体现在乳汁的黏性和它令人难以下咽的苦味。

乳汁具有致命的毒性。这是另一层讽刺：幼虫吃的乳汁越多，它的整体成长就越受到抑制，但面对鸟类等捕食者，这只幼虫将获得更好的保护——如果幼虫能活下来的话。它们很多都死于自己需要摄入的毒素。

这真是不合常理。

但这也是必要的：总体而言，捕食性鸟类会让毛虫的数量减半。

人类了解乳汁有毒这件事，已经有很多个世纪了。古罗马人会将它从植物中提取出来，用来刺杀敌人。它类似毛地黄，可以影响所有动物的心脏和神经系统。

因此，这种极为悖谬的情况十分值得玩味：毛虫们喝下乳汁正是因为它有毒。因为杀不死我们的会让我们更强大。如果幼虫能在毒素的作用下活下来，那么它就在一生的生死竞赛中遥遥领先了。

幼虫能够在身体的几个专门部位将毒素储存起来。当捕食者试图吃掉幼虫时，就会吃到满嘴味道恶心、令之作呕的毒素。鸟儿会觉得这很丧气，通常，它们的反应是把食物吐出来。捕食者们学习得很快，大多数再也不会尝试去吃一只君主斑蝶。如达尔文和贝茨所指出的，其他长得像君主斑蝶的蝴蝶也沾了光。这些储存起来的毒素拥有持久的效力，当幼虫变身成为蝴蝶，储存的毒素依旧存在，仍然能够令捕食者们生畏。

我们自身对于这种毒素的耐受力比君主斑蝶差得多——布劳尔的呕吐反应便是明证——但我们同样可以通过极小量地摄取它来获得好处。“毒物与药物之间常常只有一层窗户纸。”阿格拉沃尔在深入探讨这个复杂问题的《君主斑蝶与马利筋》（*Monarchs and Milkweed*）中写道。很多人服用的各类心脏病药物就与马利筋毒素关系密切。有朝一日，它甚至可能被用作癌症药物。另一方面，要是摄入太多，人就会出现心搏骤停的情况。

为了应对生存所面临的至关重要的难题，君主斑蝶演化出了五花八门的策略，可谓无所不用其极。然而，马利筋也拿出了更狡猾的新办法来对付君主斑蝶。举个例子，有些种类的马利筋叶子上长了刺毛，幼虫吃叶子时就会非常费劲。在这种情况下，幼虫首先化身为一台活的割草机，在进食之前先把小刺啃掉。这在我看来是不可思议的：作为复杂的生命周期中一个短暂的阶段，这只小小的、短命的生物是如何知道该怎样去做的？

君主斑蝶想吃马利筋，而马利筋不想被吃掉。阿格拉沃尔等人将这形容为一场“军备竞赛”，一种针锋相对的情境，一场豪赌的牌局，一种愿赌服输的全力以赴。但也有其他人指出，这种比喻可能更适合反映人类社会的运行方式，而不是昆虫与植物之间关系的运转方式。

“互作”，这个简单词汇表示许多不同因素间的相互作用，不那么复杂，也更加准确。昆虫学家迈克尔·恩格尔用的是“进化上的往来”这个说法。[8] 归根结底，恩格尔对我说：“开花植物在生态系统中的崛起，一部分是由它们与昆虫的联姻推动的，而很多昆虫类群本身的成功也要归功于它们的植物寄主。”[9]

我问阿格拉沃尔，为何一些新孵化的幼虫会成功，而大多数却活不过生命的第一天。

“在大自然中，一棵橡树一生会结出一百万颗橡果，”他回答道，“为什么有的就活下来了？其中一些是凭运气好，而有些则是因为它们拥有合适的特性。这个例子也是如此。但更加科学的解答是，君主斑蝶和马利筋不是彼此隔离生活的。通过自然选择，它们各自努力将自己的任务完成得更好。也许，如果你阻止了君主斑蝶在一千年中的演化，但马利筋却继续演化的话，那么所有君主斑蝶都会死光。”

不过当然了，这永远也不会发生。

所有生命都必须演化。

说到底，变化是存在的根本属性。

这些都是生命的基本事实。

皮斯莫海滩的讲解员继续说道，当幼虫长到大约两英寸长时，便开始了变为蝴蝶的过程。它褪去了幼虫的外衣，从一个危险的世界中撤离，躲进自己那安乐窝一般的蛹里，并且在捕食者视线之外相对安全的地方完成了转化的工作。这一般只需要几天时间。

当蝴蝶羽化时，它将成为一只成虫——一个完全长成的成年个体——并且将披上那让人类目不转睛的华丽色彩。君主斑蝶这种迷惑着我们的色彩除了让人眼花缭乱之外，还有一个作用：它们是像骷髅头和交叉骨一样的警示标志，代表着“若要吃我，后果自负”。君主斑蝶不是唯一以马利筋为食，并用这些浓烈的橙红色彩吓退捕食者的昆虫。马利筋雉天牛和红长蝽同样拥有恐吓性的橙红颜色，这使得它们在绿色的植物叶片上分外醒目。

大自然有时就是会这么做。通常，被捕食的动物披着伪装色，这些颜色让这只动物很难被发现。小鹿屁股上斑驳的白点模拟的是干草上的阳光光斑。斑马的条纹将其隐藏起来，不被蹑足潜踪的狮子发现。但如果动物拥有一种独特的防御办法，它的策略可能就是用颜色来使自己醒目突出，令人难忘。例如臭鼬就是惊人的黑白相间的颜色。它们的颜色是一种自吹自擂：老子没有什么好怕的——但是你有。我的边境牧羊犬黑白相间，长着黑漆漆、凶巴巴的眉毛，用的也是一样的策略：它希望绵羊们注意到它。

某些蛛蜂同样使用一种浓郁的橙色作为“警示灯”。被这种昆虫刺中会很疼，甚至很危险。但它不是非得把事情闹得这么大。于是，从战略的眼光出发，这种黑色的昆虫穿上了橙色衣服：橙色的翅膀、橙色的触角、围绕着腹部的橙色条带。这种有毒的生物好似穿着一件写着“我是真不在乎啊。你呢？”的夹克。

君主斑蝶也一样。翅膀上闪耀的鲜艳橙色是一则禁止靠近的标语，它警告道：要是不走，接下来的事你可不会喜欢。新孵出来，还没有积累起毒素的君主斑蝶幼虫，不是橙色的，而是几乎半透明的。手无寸铁的它们需要隐蔽。但随着幼虫生长，积累起更多的毒素，它就有了披上更鲜艳色彩的本钱。到这时，像霓虹灯一样显眼的外表就成了一种防御。有了黑色、黄色和白色的条带，它就能放心大胆了；它现在储存的毒素足可以起效了。来呀，这些颜色说，陪我玩玩，来咬一口，你不会回来再吃一口的。

皮斯莫海滩的那个冷飕飕的 2 月上午，我们都站在那里聆听着讲解员讲话。阳光时不时地穿透下雨的云层。

这位志愿者向听得入神的孩子和大人们解释道，当蛹中的变态过程完成后，一只蝴蝶会羽化而出。在蛹中，翅膀折叠着，所以羽化出来的蝴蝶必须先花一个小时左右，向自己的翅膀里泵入体液，使双翅伸展，挺直，变得更加坚固。接着，蝴蝶便飞走，去寻找花蜜和爱情了。

接着，志愿者说，生命的循环再次开始。

“它们来啦，多会赶时间。”她惊呼道。

慢慢地，陆续地，越来越多地，君主斑蝶们离开了自己在树枝上的栖落之处，开始四下飞舞。我本以为它们会热忱地开始寻找蓄着花蜜的花朵。

但发生的却是别的事情。似乎有些蝴蝶在追逐其他蝴蝶。那些被追赶的正在做着飞行特技，旋转着上升，在空中闪转腾挪，试图避开那些追逐者。

好奇怪啊，我想：它们在玩鬼抓人的游戏。

这时，其中一个追逐者追上了目标。雄性试图抓住雌性。雌性则成功摆脱了。雄性又抓住了雌性。接下来，由于无法牢牢地抱紧雌性，雄性将雌性撞落在地。雄性跟随着雌性，开始试图将雌性抱在身下。雌性挣扎着。最终，雄性对雌性的抱握完成了，带着雌性飞到了空中。

“接下来，”这位和蔼的退休教师说，“它们要飞到蜜月酒店去啦。”

说到此处，她点到即止了。

在描述君主斑蝶的交配时，不是人人都会使用如此温和的语言。事实上，一些选择去探讨这个话题的鳞翅目专家甚至有些愤慨。

“君主斑蝶满可以被认定为自然界中的男性沙文主义猪的典型。”[10] 沃尔特·罗斯柴尔德勋爵的侄女米瑞亚姆·罗斯柴尔德女爵曾经写道。“这个属的其他物种用一种复杂的催情剂来迷惑和征服雌性，那是一种由植物源的前体物质代谢而来的爱情粉末，在求偶的时候像一阵金色的雪片一样撒在雌性身上。雄性君主斑蝶则摒弃了这样优雅的行为，多数是将女伴摔在地上，并且趁其处于半昏迷状态时强行占有。在这个过程中，雌性的触角可能被折成两半，足蜷缩在身下，而翅膀则不幸地受到严重的损坏。”

她这篇写于 1978 年的文章题为《地狱天使》。

读及此时，我大吃一惊。于是我很感激皮斯莫海滩的讲解员没有这般直来直去。不光是孩子们不需要知道这个可怕的事实，就连我都不确定自己是否需要知道。要是有选择，我通常更愿意生活在一个充满甜美幻觉的安逸世界当中。

当然，万事都要看你如何解读。如果说罗斯柴尔德在她对君主斑蝶的求偶的描写中倾注了过多的人类情感，那是因为她和君主斑蝶一样，承担得起鲁莽直率的代价。正像君主斑蝶的成虫一样，她受到了颇为周全的保护。作为米瑞亚姆·路易莎·罗斯柴尔德女爵，金融界大名鼎鼎的罗斯柴尔德家族的后裔，她有能力成为自己想要成为的任何人，而她想成为的便是一名昆虫学家。尽管没受过正规的教育，她仍被认为是全世界研究君主斑蝶最顶尖的专家之一。她于2005年去世，享年96岁。

她对跳蚤同样了解甚多。[11] 她的父亲查尔斯（Charles）从童年起就热爱跳蚤，收藏了超过26万号标本。如果你有克制不住的收藏癖，如果钱不是问题，那么收藏几十万只针尖大的虫子还真不是痴人说梦——如果你最狂野的梦想就是收集这些虫子的话。

这可不仅仅是一个土财主的爱好，像是无谓地收藏劳斯莱斯或者钻石或者宫殿什么的。查尔斯的收藏癖和他真正的科学天赋结合起来，实现了造福人类的成就。1903年，他发现了一种跳蚤——印鼠客蚤（*Xenopsylla cheopis*），它生活在老鼠身上，却经常跳到人身上叮咬。查尔斯发现，至少从6世纪起，这种跳蚤便是一次又一次鼠疫的传播媒介，一再侵袭着人类文明。由于查尔斯的发现，我们现在非常重视跳蚤的危害，而鼠疫也大大减少了。

米瑞亚姆同样在跳蚤身上有过突破性的发现——“不

是所有人都对跳蚤有很大的热情，”她曾经说过，“但是我有。”——包括跳蚤进行非凡弹跳的机制。“我们发现这些跳蚤能够不停歇地跳上3万次，”她后来又说，“这真是相当多……事实证明，它的加速度达到重力加速度的140倍，是登月火箭返回地球大气层的加速度的20倍。”

我思考着这件事：要全身心投入对跳蚤的研究才能弄明白这些。她说得对，不是所有人都对跳蚤有着和她一样的感受。米瑞亚姆·罗斯柴尔德是蝴蝶科学领域我最喜爱的人物之一。由于小时候不被允许上学（女孩不需要受教育），她几乎完全靠自学成才，成为一名严肃的学者。成年后，她与好几家声誉良好的大学和研究所保持着联系。她组织了全世界第一届跳蚤学术研讨会，还让与会的科学家们欣赏了奶油乐队（Cream）的金杰·贝克（Ginger Baker）的表演和一段精彩的弦乐四重奏。2005年去世时，她已经在学术期刊上发表了200多篇论文，并被评选为皇家学会会员。据说她还发明了安全带。

沃尔特·罗斯柴尔德为她树立了优秀的榜样。他按照自己的意愿生活，曾经驾着一辆斑马拉的马车去过伯明翰宫，却没有待很久，因为他知道拉车的斑马尽管显得很愿意在伦敦的鹅卵石街上奔走，可是并不太驯服，要是哪匹马咬到皇室的孩子可就麻烦了。

米瑞亚姆同样乐于和社会精英开玩笑。她常常穿着帐篷般的紫色连衣裙，系着紫色围巾。她写了很多书，她在晚礼服下面套着白色橡胶雨靴去伯明翰宫，她为我们今天所说的同性恋权益而发声，她还推动了方兴未艾的野生花卉园艺风潮。她为精神分裂症的研究和前沿的艺术心理治疗技术捐献了很多钱。

她在科学方面的兴趣广泛，但通常都与探询她自己感兴趣的问题有关。比如有一天，她想了解灯蛾、耳螨和蝙蝠间的关系。一种特别的螨会寄生在灯蛾身上，后者又会被蝙蝠捕食。米瑞亚姆注意到，这些耳螨只会侵染蛾子的一边耳朵。另一边的耳朵永远没有螨。米瑞亚姆提出的假说是，螨给蛾子留出一边的耳朵不去侵染，这样它们的免费交通工具——灯蛾——就能听到蝙蝠接近的声音并逃跑了。

“一旦……来了一只螨，其他螨也会跟过来。但它们进的永远是同一只耳朵。蛾子永远不会两边的耳朵都塞满螨虫。你会看到这些螨彼此争斗，并且彼此交配。这些活动全都发生在一边的耳朵里。没人能理解这件事。没人知道为什么它们只会钻进一边的耳朵。这看上去好奇怪。”她曾对一位电视台的采访记者说道。

她发现，第一只螨留下了一条进入蛾子耳朵的轨迹，后续的螨便循此而来。

“因为这些螨很显然也不想被蝙蝠吃掉，所以这是一种保护性的策略。而且我觉得它相当令人惊奇。”她说。

“我必须得说，我觉得万事万物都很有趣。”她随后又说道。

她确实是这样的。

我想象着她在意大利文艺复兴时代过得风生水起，与列奥纳多·达·芬奇一类的人物高谈阔论的样子。她可以轻易地与之比肩。

她觉得有趣的事情之一，是君主斑蝶不惧怕捕食者。虽然君主斑蝶不是英国的本土物种，但她阅读了很多关于它们的文章，并请人带来了一些样品。在被问及心目中的世界七大奇迹时，她曾对一位采访记者讲道："我选君主斑蝶……因为你知道，总的来说，蝴蝶是很聪明的。"

"它们的味儿很重。"她说，意思不是说君主斑蝶擅长探测香气（它们的确擅长），而是说这些昆虫本身散发出浓烈的气味。

我猜想她的意思是，这些毒素有气味，但阿努拉格·阿格拉沃尔更正了我的想法：很多昆虫有用来驱离天敌的气味，但君主斑蝶的气味并不来自马利筋毒素，因为那些毒素太过沉重，没法像挥发物一样在空气中传播。

我很好奇，这种气味是什么造成的呢？

"未知，"这便是他的答案，"这将是未来研究的一个成熟课题。"

在一次视频访谈中，罗斯柴尔德曾举着一个缀满金色斑点的蓝绿色的蛹，里面是一只正在变成蝴蝶的君主斑蝶幼虫。

"这个小可爱呀。"她说。然后她讲述了自己参与的突破性的科学研究，与她共事的还有其他三位研究者——美国科学家林肯·布劳尔、获得诺贝尔奖的瑞士化学家塔德乌什·赖希施泰因（Tadeusz Reichstein），还有英国科学家约翰·帕森斯（John Parsons）。

从19世纪起，观察者们就发现，捕食很多其他蝴蝶的鸟类不会影响到君主斑蝶。有些人指出，这是因为君主斑蝶不好吃，但没人证明这一点。此外，还有一个问题，即君主斑蝶为什么不好吃。是这些蝴蝶自己合成了毒素吗？还是它们从食物当中摄取了毒素？

这个问题的答案，现在我们已经很熟悉了，但当初并不是这么容易厘清的。19世纪的观察显示，君主斑蝶只吃马利筋，而马利筋有时会杀死幼虫，并且马利筋本身又苦又有毒。有理由认为，马利筋里可能有什么东西保护着君主斑蝶。20世纪初，进化论在科学上仍然充满争议，似乎无法解释这种显而易见的关联。两种彼此独立的生命体——植物和蝴蝶——怎么会演化出如此密切的联系呢？

直到20世纪60年代，罗斯柴尔德女爵，这位国际生物学界最富有、最具影响力的女性决定解开这道难题。她的方式是邀请相关领域的科学家到她的庄园共进午餐。大家都乐在其中。接下来，信件在大西洋两岸往来穿梭。美国的林肯·布劳尔和简·范·赞特·布劳尔（Jane Van Zandt Brower）在牛津花了一些时间与罗斯柴尔德等人探讨这些问题。一系列突破性的实验开始进行。

布劳尔夫妇率先展开了直接针对蝴蝶本身的研究。首先，他们发现，如果冠蓝鸦被诱骗吃了君主斑蝶，它会再吐出来。[12] 1969 年 2 月的《科学美国人》讨论了这项突破性研究，封面是一幅五彩斑斓的画：一只看起来很困惑的冠蓝鸦正在尝试决定该吃两只蝴蝶中的哪一只。

接下来，林肯 · 布劳尔培育出了一个可以不吃马利筋，而是吃甘蓝的君主斑蝶幼虫品系。“如果你问我这可能吗，我会说不可能。”阿格拉沃尔对我说，意在赞扬布劳尔的成果的重要意义。

他是这样完成这个似乎不可能完成的任务的：选取刚孵化的幼虫，放在甘蓝上，然后就放在那儿不管了。几乎所有幼虫都饿死了。

不过，值得注意的是，有几只毛虫设法活了下来。直到生命的终点，他都为这项成就感到非常骄傲，[13] 因为这说明了一个物种究竟能有多大的灵活性，这是他于 2018 年去世前仅仅几周里告诉我的。

布劳尔让这些毛虫羽化而成的蝴蝶彼此交配，然后又把生下来的幼虫放在甘蓝上。在无数次重复这个过程之后，他最终得到了一小批君主斑蝶幼虫，它们不仅可以靠吃甘蓝为生，而且——这很重要——它们没有毒性。当布劳尔将这些幼虫喂给捕食者时，它们没有把虫子吐出来。由此，布劳尔证明了君主斑蝶成虫体内的毒素来源于幼虫时期所吃的植物。（顺带一提，这也是一个简单的实例，说明气候变化造成动物可利用的植物种类变更时，大自然如何处理进化需求。如果一个区域的昆虫都死了，只剩下极少数能设法以新植物为食的，它们很可能找到彼此，交配，然后繁衍。最终，你可能会得到一个新的物种。如若不然，你得到的就可能是又一场灭绝。）

“通过这个甘蓝的实验，我们真的算是打开了突破口。”布劳尔告诉我。这支团队正在建立一个新的生物学分支：化学生态学，或者说是对于作为物种间交流的“语言”的化学物质的研究。

我问他，像这样高风险的事业是否让人望而却步。

“那个实验里面有很大的运气成分，”他回答道，“不过这类实验往往如此。”

我问他这是什么意思。

“这个实验成功的可能性很小，不过还是值得尝试。”他回答说：“我们把成百上千只君主斑蝶幼虫放在甘蓝上，有一只活下来，可以被扩繁，我们就可以选育出一个能够吃甘蓝叶，又不会杀死或饿死幼虫的饲养品系了。”

下一个任务，是明确马利筋里面的有毒物质是什么。罗斯柴尔德求助于诺贝尔奖得主，瑞士化学家塔德乌什·赖希施泰因。由于君主斑蝶并非欧洲的本土物种，布劳尔慷慨地将一些样品寄给了大洋彼岸的化学家们。这些研究者分离提取了蝴蝶体内的有毒化合物。接下来，他们又在马利筋当中找到了相同的毒素。

这下可就说通了。君主斑蝶和马利筋紧紧地交缠在由一种专门的化学物质介导的关系中，由于这种关系基于一种我们看不见，在蝴蝶眼里却显而易见的媒介，它一度被很多人视为纯粹的魔法。如今，我们理所当然地认为化学物质就是进化中往来流通的媒介，但在20世纪中叶，这对某些人来说是难以置信的。后来，布劳尔成为国际化学生态学会的首任理事长。

米瑞亚姆·罗斯柴尔德则继续钻研，荣获了包括牛津和剑桥在内的八个名誉博士学位，并成为皇家学会的会员。

她仍然喜爱跳蚤和蝴蝶，并且对雌性君主斑蝶热爱至深，但从未改变对这个物种的雄性的看法。

“那就是个流氓。”她写道。

而且她是认真的。

09 疤地

Scablands

在我看来，君主斑蝶就是世上最有趣的昆虫。[1]

——米瑞亚姆·罗斯柴尔德，
《蝴蝶园丁》（*The Butterfly Gardener*）

华盛顿州西部的三分之一，几乎完全是由向西北移动的胡安·德富卡板块（Juan de Fuca tectonic plate）的边角和碎片积聚形成的。如果你愿意的话，可以理解为把母板块上脱落的碎片拼贴到大陆板块上，华盛顿州的地盘就是这样增长的。那就好像是俄勒冈州的海岸地带被“粗暴地胡乱塞进西雅图的腹地”，[2] 地质学家艾伦·毕肖普（Ellen Bishop）写道。

这造成了一些有趣的气候现象。在海洋降雨形成的河流滋养下，华盛顿州的西部是如此潮湿，以至于在绵绵细雨和瓢泼大雨交织的漫长冬季里，有些人干脆就疯了。西雅图的极光大桥（Aurora Bridge）因大量冬季跳桥自杀案件而臭名昭著。等到 2017 年 4 月，也就是我头一次造访皮斯莫海滩的几个月之后，西雅图在 6 个月里承受了 45 英寸的降雨——这是自 19 世纪末有记录以来的最大降雨量。不过这还比不上附近稍微偏西的奥林匹克半岛（Olympic Peninsula），那里的总降雨量超过了 100 英寸。

然而，事实证明，这种情况只发生在喀斯喀特山脉（Cascades）以西，这条 700 英里长的山脉已经生长了将近 4000 万年。东边则完全是另一回事。华盛顿州人称常青之州，但在山脉的这一边，这个外号就像讽刺挖苦。华盛顿州东部三分之二的地区炎热、干旱，令人望而生畏。由沙土和沙粒构成的古老沙丘覆盖着大片地区。山脉以西的人们渴盼看到几分钟的太阳，山脉以东的人们则渴望逃离毒辣的阳光。太阳将很多地方的土地炙烤成了无法穿透的硬地面。在贫瘠的深色玄武岩壁上，就连地衣都难以生存。这种景观让你光是看看就觉得口渴。

你需要搭乘飞机俯瞰才能理解这里的宏观地貌。这里有古老的岩石，有些相当古老。在一些靠近加拿大和爱达荷州的地方，你触摸到的岩石可以追溯到 25 亿年前，当时这片区域还是凯诺兰超级大陆的一部分。

这一切本应属于秘史。从那时起，我们的星球已经走了很远，在任何一个符合常理的、正常的地方，这些岩石现在都应埋藏在25亿年的岩屑——沉积物、植物化石和恐龙化石之下。总之就是这类东西吧。我们不必总是直面时间的残酷。

但是太平洋的雨水到不了这个地区。在美国大陆冰川最丰富的山峰，高达14 000英尺的雷尼尔峰（Mt. Rainier）的支配下，喀斯喀特山脉将风暴中的所有水分都压榨了出来。在山脉以东，华盛顿州就像比萨炉一样炎热。这里可怖、荒凉、严酷、沙漠化，像尘土般干燥。这一整片地区自有它的名字：疤地。这个绰号很合适。

那是8月的下旬。我来和负责运营君主斑蝶监测项目的科学家大卫·詹姆斯会面。我们在亚基马（Yakima）城见了面，这里是成千上万棵苹果树的家乡。华盛顿州的苹果很有名。广告中的那些令人愉快的果园的画面，让我想起了自己上大学时捡苹果赚钱的佛蒙特州的果园。原来华盛顿州的“果园”是不一样的。这里没有平缓的山坡，没有柔软的绿地。

他提醒我说，这一天的温度将会突破38摄氏度。我不惊讶，因为前一天的温度就是这样。我沿亚基马河漂流而下，寻找鳟鱼，度过了那一天；而这一天我也准备好了，穿上了一件宽松的白色衬衫。然而不幸的是，我还必须穿上沉重的靴子和耐磨的牛仔裤，因为我们要徒步穿过灌丛。那里是蛇的地盘。

我们的方向是下蟹溪（Lower Crab Creek）野生动物区。这条溪流是过去一片庞大湖泊仅存的部分。要到达那里，我们得开车前往汉福德流域国家纪念区的白色峭壁——这里曾经是我们星球上第一座大型核反应堆汉福德核反应堆的所在地，如今则是这个国家最大的核废料清理场所。纪念区的步道如今对公众开放，沿途有很多沙丘，每一座都和我在撒哈拉沙漠里见过的那些沙丘一样滚烫，一样令人望而生畏。

我们沿着哥伦比亚河（Columbia River）走了短短几分钟，然后拐进了旁边的一条小道。我们经过了黑漆漆的萨德尔山脉（Saddle Mountains）陡峭的北坡。下车时，我意识到这里没有任何水分。连我的眼球都感到干涩。生命被阳光灼烧着。

这儿会有君主斑蝶？[3]

它们全部的需要，就是花蜜、水，还有遮挡阳光和风的屏障，詹姆斯解释道。事实上，在那年夏天，最初几代君主斑蝶表现得尤其好。尽管看上去荒凉，但整个冬天以及入春后的很长时间里，雨水都很“多”（这是他的话，绝对不是我的）。马利筋繁荣生长。他说，现在是 8 月下旬，虽然这里很干旱，但因为地下水位一直很高，君主斑蝶的繁殖力在整个夏天都很强。

我问到了炎热天气的情况。

他承认，这的确对它们有影响，尤其是这样的天气持续了很长时间。他说，2015 年，有好几个星期的气温都高达 46 摄氏度。蝴蝶饱受其害。在这样的高温下，蝴蝶的发育会减缓，这些昆虫将更容易遭到捕食者的猎杀。詹姆斯的长期研究表明，尽管气候炎热，但来到这里的昆虫可能是长住居民，而不仅仅是过境。当它们在春季迁飞到这里时，似乎会停留并繁衍，而不是继续前进。他相信，这意味着，它们肯定在这片袖珍绿洲找到了自己需要的一切。

詹姆斯是一位害虫生物防治专家，专门为葡萄园提供咨询。他做君主斑蝶保护的工作完全是自愿的，自掏腰包。“中看又中用”是他在本职工作上的座右铭，因为他会努力说服葡萄园的管理者，削减杀虫剂的使用，同时种上本土野花，这种办法能让他们省钱。这个思路是吸引益虫来帮助防控破坏葡萄园的昆虫。不出意料，他主张在葡萄园周围种植马利筋，以吸引多种益虫，比如蜜蜂，这将有助于限制更多有害的昆虫种类。

而附带的一项积极作用是，你会得到更多的蝴蝶，他愉快地指出了这一点。他承认，蝴蝶并不能抑制有害昆虫，但它们能在人类的精神世界创造奇迹。不管他在聊什么，蝴蝶似乎总是能想办法溜进詹姆斯的谈话当中。自从他 8 岁在英格兰家里的后院找到一只毛毛虫开始，就一直如此。他将蝴蝶养大，放飞，从此便立志成为一名博物学家。到 1970 年，仍是一个孩子的他就已经在当地报纸上发表文章，鼓励人们在英国的花园里种植荨麻了。（很多蝴蝶种类喜欢荨麻。）

和他所热爱的君主斑蝶一样，詹姆斯也是个迁徙者。他从曼彻斯特去了澳大利亚，在那里，他通过研究这块与世隔绝的大陆上繁盛的君主斑蝶种群拿到了博士学位。该物种并非澳洲的本土物种，却以某种方式跨过太平洋，并于 1871 年首次在悉尼被发现，此后，它在悉尼一直很常见。在那里，它的俗名不是“君主斑蝶”，而是“流浪斑蝶”。

“我们认为，这些蝴蝶是自行通过逐岛扩散的方式跨越太平洋，来到澳大利亚的。一到澳大利亚，它们就适应了那里的环境。这可是我第一手的观察。”

在我听来，这是一段远涉重洋的飞行。

“这事儿能行。”他回答道。“每年都会有一两只来自北美的君主斑蝶出现在英格兰。”如果能被任性的风吹过大西洋，那么它们也很可能通过跳岛的方式，被一路吹——或者飘——到澳大利亚。总之，就是这么个理论。

到达那里时，它们一定和蟹溪的君主斑蝶一样，找到了自己需要的东西。君主斑蝶生活在澳大利亚的很多地方。如前所述，其中一些种群是迁徙性的，另一些则不是。在澳大利亚，就和在北美洲一样，君主斑蝶生活在四季分明的地区，到了冬季变冷时，会迁飞到大陆上气候条件较为安全的其他地方。它们同样倾向于选择金斯顿 · 梁所研究的那种越冬地点，梁是第一个带我到太平洋丛林城（Pacific Grove）等越冬地的人。詹姆斯发表了有史以来第一篇关于澳大利亚的越冬型君主斑蝶的研究论文，写的就是悉尼地区的蝴蝶。

“在澳大利亚，它们确实会迁飞，只不过距离要短得多。这里对于迁飞的需求没那么大。决定是否迁飞要灵活得多，取决于它们在羽化时所感知到的天气等环境条件。如果它们经历了一段温暖、晴朗的天气，那就不需要迁飞。两种情况都可能发生。它们更加灵活。”

那年的晚些时候，他将找到证据，证明它们究竟有多灵活。

我所读过的大多数资料似乎表明，君主斑蝶是被与生俱来的行为方式所支配的，但詹姆斯并不认同。

他说：“你越审视它们，它们就显得越复杂。”

1999 年，詹姆斯从澳大利亚搬到亚基马，立刻便开始寻找君主斑蝶。它们不是他唯一关心的蝴蝶。他是一本广受赞誉的书的作者之一，这本书细致入微地解析了美国西北部出现的全部 158 种蝴蝶的生活史，是第一本此类题材的书。大卫 · 爱登堡称这部作品为“权威巨著”，他本人的书架上就摆着一本。

到达他的研究地点时，我们把车停在了玄武岩壁下一个柏油路面的停车场。詹姆斯不确定附近是否会有很多君主斑蝶。也许它们都已经走了吧。又或许，高温已经把它们都热死了。那是 2017 年的 8 月底。过去几年的这个时节，很多蝴蝶已然开始了它们的迁徙，但这年夏天早些时候的蝴蝶数量却让人怀有希望。他指出，可能仍有少数逗留在附近。

这小小的一块湿地得益于前一年冬天该地区的“暴雨”。我是带着嘲讽用这个词的。这个地区 1 月的平均降雨量约有一英寸。但今年 1 月，在西雅图和奥林匹克半岛饱受洪涝之苦的同时，亚基马的人们则庆幸于两倍于往常的湿度。降水量不是往常的一英寸，而是两英寸。其结果是，直到现在，在8月下旬，地下水位仍然相对较高。少数马利筋仍然在开花。

我们穿过灌木丛。春季的草已经干枯成了金褐色，但有几种植物仍然开着花，包括千屈菜和沙枣。这两个物种都是这个地区的入侵植物，但詹姆斯认为它们为一个独特的小生态系统提供了根基，这也解释了为什么在这片沙漠中，蟹溪成了许多野生动物的应许之地。

千屈菜的入侵性很强，以至于一些州的法律禁止其种植。园艺栽培品种本不应到处繁殖，但它们遇到了野生品种，一拍即合，开始杂交传粉。本土植物被这些强悍的植物挤走了，但事实是：蝴蝶喜欢它们。千屈菜受到凤蝶类、钩粉蝶类、菜粉蝶类、多种小型灰蝶，当然还有君主斑蝶的喜爱。这种植物遍布哥伦比亚河的河岸，蝴蝶飞几分钟就能到，这可能也是它们一路飞来的原因所在。在秋季迁飞时，君主斑蝶很可能沿着河飞行，以千屈菜为食，这让它们去往加州的路有了一个好的开始。

詹姆斯相信，沙枣树的灌丛同样很重要。它们提供了抵挡炎炎夏日的阴凉，也为不愿被雄性打扰的雌性提供了藏身之所。他在树枝下方生长的马利筋叶片上找到了卵。

“夏末这么晚的时候，我不知道咱们在这儿能不能找到什么。”他说。

他几乎立刻就发现了一只雌蝶。他把那杆将近两倍身长的捕蝶网挥出去，比牛仔扔套索还快。

它被抓住了。

小心翼翼地把雌蝶从网里抓出来之后，他在一只手中展开了它的翅膀，用拇指和食指轻轻地捏着它的头部和胸部。

“可不能捏腹部啊，”他提醒道，“那里有卵。”

我们可以看到，它的翅膀缺了几块。它的色彩相当暗淡，明显已经有很多鳞片脱落了。詹姆斯解释说，这一点也不稀奇。这仅仅能说明，它已经经历过几次生死关头了。

“它去不了加利福尼亚啦。”他说。

他小心地将它拢起来，装进采集工具包中一个顶上有网眼的塑料容器，容器里有空气循环，保持凉爽。

我问，它在容器里是否需要空气来呼吸。他解释说，尽管它确实需要氧气，但用到的太少，即使容器的顶盖没有网眼，氧气也可以供它消耗很久。

“它更可能会先饿死。”他说。

然而这是不会发生的。有一种广为流传的说法是，一只雌蝶产卵之后就会死去。其实，只要雌蝶活着，就能交配和产卵。这只雌蝶虽然年事已高，身体里仍然有卵。詹姆斯想把它带回家。他拥有蜜源植物和马利筋的充足储备。在他的照料下，它所产下的卵将成为健康的下一代，可以被贴上标签，然后放飞到广阔天地中，就像阿梅莉亚的蝴蝶那样。

詹姆斯在西北部太平洋海岸各地都有贴标签项目。他是个有号召力的人，他柔和的嗓音和对自然万物的热忱吸引着人们。他的贴标签项目于 2012 年才开始，现在在落基山脉以西的地区已经广为人知。俄勒冈州南部、加州边境附近以及爱达荷州都有他的工作人员。他还有几个在监狱开展的项目。沃拉沃拉（Walla Walla）有长期关押的杀人犯，他把产在马利筋叶子上的卵寄到那里，请囚犯照料。囚犯会将昆虫一直照看到飞行的阶段，然后或是自己给它们贴上标签并放飞，或是将它们交给詹姆斯，在他众多的地区性活动中放飞。

“这项研究的关键问题在于饲养，”他曾解释道，“事实表明，犯人非常擅长饲养生物。饲养大量幼虫的时候，如果不注意卫生，就会有疾病的问题。”

养毛毛虫是很辛苦的工作。首先，它们需要喂食新鲜的叶子。随着长大，它们会产生大量的虫砂（虫粪）。虫砂必须清理掉，以免细菌侵染昆虫。幼虫长大后需要被移走。蛹必须被隔离开来，因为它们很容易遭到其他幼虫的捕食。詹姆斯将沃拉沃拉视为绝佳的机会：囚犯有大把的时间。囚犯们喜欢这个项目。当被问到更愿意照顾猫咪还是君主斑蝶时，他们一边倒地选择了蝴蝶。他们称自己为“蝴蝶牛仔”。对于詹姆斯来说，这是真正的“蝴蝶效应”：蝴蝶的力量将人们——即使是被囚禁的人们——与他们在大自然中的本源连接起来。

讽刺的是，像沙枣这样在美国西部到处挤压杨树和柳树生存空间的入侵树种，却可能在蟹溪滋养着君主斑蝶。只需要极少量的表层水分，沙枣就能形成一片浓密的树丛，树干和枝杈彼此交错，很多动物几乎无法从中穿过。我们可以走近这些树丛，但很难跟踪里面的任何东西。

“那儿有一只。又新鲜又漂亮，雌的。”

挥网。拿下。

这项工作看似容易，其实不然。

要给一只蝴蝶贴上标签，你需要把它的翅膀合起来。你会用到翅膀的下表面，因为标签在蝴蝶并拢翅膀、挂在枝条上的时候更容易看到。蝴蝶翅膀上的翅脉形成具有特定内部形状的图案。每一个形状称为一个“翅室”，标定翅面上一个特定的区域。在一侧翅膀的下表面，你要把标签有胶的那一面贴在后翅的中室上面，它还有个俗称叫“连指手套”翅室，因为形状像连指手套。

“又有一只。”

他又看了一眼。

“是个老家伙。”他说，那只蝴蝶随即张开翅膀飞走了。

“你怎么看出来的？”

“它的颜色没那么艳了，像是被洗褪色了一样。”

蝴蝶鳞片很容易脱落。要是在拿着一只蝴蝶的时候不小心，你就会发现自己的手指上覆盖着一层像魔法粉末一样的物质，那就是蝴蝶的鳞片。经常摆弄蝴蝶的人们必须戴口罩，因为微小的鳞片会进入人的肺部，造成严重的呼吸问题。

我们抓到了一只怀卵的雌性。

我问他：“你是怎么在抓的时候不伤到它们的？”

“它们可结实了。”他回答。

我疑惑地看着他。“结实”和“蝴蝶”在我看来完全不相干。

“你拿过蝴蝶没有？”

我没有。

他把蝴蝶递给了我。

“它们的胸部很强壮。要想造成任何伤害，你必须使劲按才行。”

他建议我按一下。我不情愿地照做了，稍稍加了一点力。我一直认为蝴蝶的生命短暂、脆弱，如梦似幻，会像小精灵一般消失，我的看法遭到了挑战。

他是对的。外骨骼比我预想的要坚硬。我以为自己拿着的是个幽灵，恰恰相反，我捏在手里的是一个实实在在的生命体。

“可怜的家伙。”当它被装进詹姆斯的采集工具包里时，我说。

“它要进疗养院啦。”他说，“它将走向永生。它会产卵。它不会再被雄蝶打扰了，而且还有花蜜吃，要多少有多少。”

对于一只年迈的雌性君主斑蝶来说，夫复何求呢？

气温继续攀升的时候，我们收工了。昆虫退回沙枣树丛中的某个地方。鸟儿也安静了下来。到午休时间了。我幻想着一杯冷饮。我们走回了停车场。

詹姆斯觉得很有成就感。“我又有两只给我产卵的雌蝴蝶啦。”他说。他听起来好像彩票中奖了一样。“有时候我到这儿来，找上几个小时也啥都没有。”

我问能不能请他吃午饭。

“去不了啊。我得回家。我有几千张嘴要养活呢。不夸张。”

天空万里无云，但空气不知为何看起来雾蒙蒙的。

“那是烟。加拿大有森林着火了，烟飘到这儿来了。”

“一直飘到这儿？”我很惊讶。

我不该这么大惊小怪的。几年前，来自西伯利亚的烟曾经在盛行风的推动下，一路飘到了华盛顿州。

我们聊到的山火并未止步于加拿大。第二天我驱车向南，前往俄勒冈州的波特兰。每走一英里，烟都变得更浓。我一直期待着头一次看看哥伦比亚河峡谷。据说那是个风光秀丽的所在。

我是看不到了。

等我到那儿时，峡谷几乎全被浓烟遮蔽了。我途经的悬崖和山脊仍有余烬一闪一闪。我想在两次采访之间徒步旅行，作为一次初步的探险，我走上了河谷边一条很短的登山道。小路开始于一个颇受欢迎的起点，我因为觉得随了游客们的大流而很不爽。但等到第二天，山火已经覆盖了崖壁和山顶，几周之内，峡谷地区的任何地方都不能徒步了。在我之后一天走那条路的几个“驴友”不得不被营救出去。

在这一派混沌颠倒的气候现象中，迁飞的君主斑蝶该怎样导航呢？

10 在瑞恩当斯大牧场上

On the Raindance Ranch

栖息地丧失不是孤立的现象。[1]

—— 尼克·哈达德（Nick Haddad），
《最后的蝴蝶》（*The Last Butterflies*）

我准备去与阿梅莉亚见面。她住在俄勒冈州的科瓦利斯（Corvallis），当时六岁。她的母亲莫莉（Molly）主动带我游览威拉米特河谷，陪我聊蝴蝶，那是她最喜欢的话题之一。阿梅莉亚的父亲在联邦政府林业部门工作，他之前已经打过电话了。由于山火和浓烟，他安排好的活动都叫停了。

那场大火是“喀斯喀特火山带复合大火”的一部分。这一系列火灾是7月下旬由几次雷击引起的，直到10月中旬才得到控制。威拉米特河谷以东的人们被命令留在家中或完全撤离。大火彼时尚未烧到科瓦利斯（终究会到的），但它们正在向南肆虐。

不过在这个 8 月的倒数第二天，道路暂时还是通畅的，我们可以按商议好的日程行事。首先是去造访瑞恩当斯大牧场（Raindance Ranch），那是一块占地 250 英亩的实验用地，从 1992 年起便归沃伦（Warren）和劳丽·哈尔西（Laurie Halsey）所有。哈尔西夫妇将一部分土地租给了当地的农场主，也将一些耕地恢复到了人类定居以前的自然状态。

一万年前，冰期结束后的洪水灌满了威拉米特这条 100 英里长、30 英里宽的山谷，形成了一个 400 英尺深的湖泊。来自疤地的洪水延古时的哥伦比亚河冲下来，在现在波特兰市的位置到达一处急转弯。在那里，大水走捷径向左转入这座山谷。泛滥的洪水将盆地填满，并向四周激荡着，山谷仿佛只是一个浴缸。裹挟在浑浊大水中的，是曾经覆盖整个西北部地区的土壤和泥沙。当水流平静下来以后，悬浮的沙和土就沉降在湖底，形成了深厚、肥沃的土地。

生命由于这些土壤而繁荣兴旺。生活在这个天堂的古人一定过得不错。这里有草长得很高的大片草场，有丰富的野味，有大量供候鸟栖息的湿地，田野和森林中生产着可食用的水果、坚果和根茎。最早的定居者们知道如何去除橡果中的毒素，好做成面包，知道如何利用火来控制草的长度，让开阔地上的物产丰富。考古学家们最近发现了大量黑曜石双刃斧，其历史可能有 4000 年之久。

然而有一件事是不适合这片土地的，那就是传统的欧洲式农业。古老的湖泊已经干涸了，但在无数河流和溪水流过的群山环抱中，谷底一直是很潮湿的。土壤从没有真正干燥过。在冬季降雨期间，山谷中有大量临时水塘，那是一万年前湖泊的遗迹。其中有些池塘在夏季会干涸，但表层之下的土壤还是太湿，无法种植欧洲的农作物。

原住民会顺应这些节律生活，随季节而迁移，跟随着猎物，在恰当的时间和恰当的地点采集可食用的植物。欧洲农场主则采用工程改造的策略，试图掌控自然。定居者们囿于特定的一块土地。他们无法随着季节和天气的变化而迁移。他们不能与土地共存，必须和河狸作对。必要的山谷抽水工作先是小规模展开，大规模工程改造所需的技术则是在 20 世纪早期出现的。今天，这个地区遍布成千上万英里长的塑料管道，这是工业化农业生产的必备要素。

“在冬天，这整个地方都应该是被水淹没的。”莫莉边开车边指着外面那看上去阴沉破败的田野，对我解释道。冰河时代的干燥土壤在田野上空打着转，像跳回旋舞的土耳其托钵僧一般，形成一股股小龙卷风。“你在这儿看到的是惊人的工业。整个威拉米特河谷曾经是一片巨大的洪泛平原，但那是河水被疏导之前的事情啦。”

今天，威拉米特河待在人们让它待的地方，做着人们让它做的（大部分）事。它仅仅是殖民时代以前的一个影子。莫莉、阿梅莉亚和我驶过了一英里接着一英里的榛子园，大部分设施都是近期安装的。拜现代排水技术和超级廉价的塑料材料所赐，这座山谷正在成为世界榛子之都，据说榛子有“抗衰老”的功效，能够赋予你“完美的肌肤”。

“这些榛子园是怎么回事儿啊？”我很困惑。

“加州的限水令意味着很多坚果种植园都干涸了，”莫莉解释道，“这不，它们都到俄勒冈来了。”

我们望着重型机械挖起土壤，铺设大型PVC管道系统排走多余水分。我在法国南部的普罗旺斯见过这种做法，那是为了利用罗讷河（Rhône River）冲积遗留的肥沃淤泥。这些始于古罗马时代的水利工程，需要很多个世纪才能完善。眼前的工程则是瞬间就展开了。

有一件事是显而易见的：君主斑蝶不会在榛子园中繁荣兴旺，这里没有马利筋啊。其他蝴蝶也不行。榛子园和多数单一种植的土地一样，缺少昆虫生存所需的开花植物——它们被认为是“杂草”。至少，如果业主不采纳大卫·詹姆斯“中看又中用”的计划，情况就是如此。

我们来到了牧场的大屋。整块地产只有一小部分坐落在谷底。驱车上山时，我们很容易看到山下大量的工业化农业机械，还有此起彼伏、扬沙卷尘、撒哈拉式的旋风，看上去就像小型黑色风暴。这是因为一英亩又一英亩的土地失去了地被。谁知道这些来自冰河时代的宝贵土壤最终将归于何处呢？每一阵风吹过，威拉米特河谷都消失了一点。

或许这只是我的想象，可是一来到牧场上，气温立刻就显得比较合理了。至少，没有了那些如回旋舞托钵僧般的沙尘暴，我不再像是置身于撒哈拉沙漠中了。

这里盛产高大的本土草。在全世界受到至少40种不同蝴蝶和蛾子喜爱的发草，会在9月行将到来的时候变成金色。在几年前特意补种之后，它旺盛地生长开来。黑袍弄蝶（*Lon melane*）喜欢吃这种草，鹿、马鹿等各种食草动物也是。慈姑和克美莲这样可食用的野生植物，也都补种了。其他很多本土的草本植物也回归了。

“哈尔西夫妇正努力让受到高度工程改造的土地回归自然。”莫莉解释道。

这需要时间，但哈尔西夫妇很有耐心。他们发现，去除排水管道，让天然的水文系统发挥作用之后，原生植物开始回来了。地里面的种子还在呢。所缺的只是水而已。

哈尔西夫妇很久以前就种下了马利筋，多年来一直在饲养和放飞君主斑蝶，这单纯是出于喜爱。莫莉和阿梅莉亚是来和他们讨论大卫·詹姆斯的贴标签项目的。她们还额外带来了几个标签。当天上午，哈尔西夫妇饲养的君主斑蝶正巧有几只从蛹中羽化了出来，正在玻璃罐子里扑动着翅膀，不安地等待着。我们把盖着纱网的容器拿到了牧场大屋的后面，在那里，茂盛的花、草、蝴蝶灌木丛和树木在阳光下蓬勃生长。

在其他地方，野火正在大地上肆虐，但这里的条件似乎很适合放飞君主斑蝶。如果这只昆虫要迁飞的话，它能穿过那些烟雾吗？我们不确定。但我们还是继续做自己的事。在遥远的未来和远方保护它，并不是我们的职责。

按规定在中室贴上标签之后，阿梅莉亚让蝴蝶停在自己的手指上。这只小虫子在那儿待了一会儿，仿佛被阳光吓到了。接着，它升到空中，停在了房顶伸出来的一根椽子上。

我本以为它立刻就会飞走，但它并不着急。最后，它飞出一小段距离，来到一些花朵上，又休息了起来。它在那儿待得太久了，我们只好任它自便。有了大量的花蜜，显然就没有特别的原因要急着赶路了。

君主斑蝶不是近些年喜欢瑞恩当斯牧场的唯一一种蝴蝶。哈尔西夫妇所拥有的谷底那片土地，曾在南北战争之后的垦殖时期被称为“格斯佩尔沼泽”（Gospel Swamp）。最终，沼泽被抽干，变成了一块贫瘠的耕地，可以种植像黑麦这样的作物，黑麦比难伺候的小麦抗逆性强得多。当哈尔西夫妇买下这块地时，他们重新让谷底淹了水。一个政府项目提供大型机械，在这片 66 英亩的湿地里挖出了一系列直径 5 英亩的浅池塘。

“变化非常巨大。这块地最开始光秃秃的。”劳丽·哈尔西告诉我，“但随后，天然的种子库开始发挥作用，植物就这么长起来了。几年之后，这块地方变得郁郁葱葱。春天的时候，山茱萸会吐出新叶，野蔷薇美极了。”

重焕生机的湿地吸引了蝴蝶，包括芬德尔伊卡灰蝶*。这种仅存在于威拉米特河谷的小小生灵过着与君主斑蝶完全不同的生活，差别大到难以想象。它们的雄性是光芒闪烁的蓝色，而雌性则披着一种相当乏味，却具备保护性的褐色。这些小小的灰蝶，鲜少引起普通人的注意，但它们却是惊人的、错综复杂的生命之链的一部分，正是这条生命之链为我们哺乳动物提供了赖以依靠的根基。

芬德尔伊卡灰蝶喜欢安坐家园。[2] 君主斑蝶可能在一生中走过几千英里，但这些小东西却很少远行。它们小小的翼展不超过一英寸，飞行能力不强。5 月，它们从蛹中羽化出来并产卵，几乎只产在一种稀有的、难伺候的野花——金凯德羽扇豆上面。幼虫只吃羽扇豆的嫩叶。7 月，羽扇豆甫一衰老，幼虫们便立刻藏在落叶层下睡大觉去了，它们要在那里待上 9 到 10 个月，不但要捱过夏末秋初的高温和缺水，还要挺过冬季的严寒。当春回大地，羽扇豆开始生长的时候，幼虫们会再吃一些，然后化蛹，羽化，飞翔，交配。整个轮回又重新开始了。

芬德尔伊卡灰蝶度过了一段困难时期，经受住了山谷近年来的变化。没有金凯德羽扇豆，它就无法生存；而当山谷的草场被挖开，埋上排水管道，种上榛子之类的树木时，羽扇豆便无法生存。现在，原始的草场只剩下大约 1% 了。

* 新拟中文俗名，系伊卡灰蝶的一个亚种，学名为 *Icaricia icarioides fenderi*。——译者注

20世纪初，该地区一位追逐蝴蝶的邮差肯尼斯·芬德尔（Kenneth Fender）发现并命名了芬德尔伊卡灰蝶。几年后，它被宣告灭绝。接着，一位少见的现代蝴蝶迷，12岁的保罗·塞弗恩（Paul Severn）来到了这里，[3] 自行车后座里插着一杆蝴蝶网。1988年，他和一个小伙伴决定登上俄勒冈老家附近的一座山，只为看看那里有什么。塞弗恩当时已经是个经验丰富的鳞翅目玩家，怀着可与沃尔特·罗斯柴尔德相媲美的虔诚。那时，这个十几岁的孩子已经对北美大陆所有蝴蝶的名字、翅面颜色的重要细节和生活史烂熟于胸了。他会定期阅读鳞翅目昆虫学期刊，并拥有一套完整的俄勒冈州蝴蝶收藏。

或者说，他自以为集齐了。

当他和小哥们儿沿着旧时的伐木山道来到山顶时，他们遇见了一片草甸。在那里，塞弗恩惊奇地看到一种自己此前从未见过的蝴蝶。该捕虫网上场了。他带了几号标本回家。在查阅了一本旧蝴蝶图鉴后，他发现这只昆虫被称为芬德尔伊卡灰蝶。关于它灭绝的事，图鉴里只字未提。他没有报告自己的发现。

时间来到一年之后。有人告诉时年13岁的塞弗恩，他需要参加一场鳞翅目学者的研讨会。他兴奋坏了。他一直不知道，世上其他人也拥有和他一样的癖好。

他去了。看到几号芬德尔伊卡灰蝶的标本之后，他说自己刚刚采集过。

“不可能，”他们对他说，“这种昆虫灭绝啦。你弄错了。”

没人相信他。于是他回到家，第二天又带着标本回来，事实证明他说的没错。寻蝶行动开始了。接下来的夏天，科学家们找到了残余的种群。于是，这种昆虫被列为濒危物种。

几十年后的现在，芬德尔伊卡灰蝶还活着，在哈尔西的牧场上，在整个威拉米特河谷的其他很多地方生生不息。20世纪90年代中期，这种蝴蝶被认为有1500只。今天，它的数量大概有2.8万只。个体数量正在年年攀升。

这种看似不起眼的小蝴蝶——通称为“小灰蝶”的蝴蝶中的一员——是如何从“灭绝”到重获新生的，是一段长达25年的传奇，反映了我们如今对蝴蝶的了解如何超过查尔斯·达尔文、沃尔特·罗斯柴尔德、赫尔曼·斯特雷克和米瑞亚姆·罗斯柴尔德的所知。这种昆虫与生物世界的复杂联系一定会令他们欣慰，而他们也会很快理解，仅仅为昆虫留出土地是不够的。

要成功保护一种蝴蝶，你需要去探究这种昆虫的整个生活史——不仅是它吃什么，还有它在哪儿出没，都有哪些朋友。这个任务可能是耗时且复杂的。

很久以前，为了保护一种蝴蝶，自然资源保护协会在华盛顿州的亚基马河沿岸买下了一片泥沼。[4] 这片地区用栅栏隔开了牛群。蝴蝶得到了保护，工作完成得不错。

或者说，人们自以为如此。当时没人意识到，这种特定的蝴蝶依赖于一种特定的堇菜，而这种堇菜的生长则需要食草动物啃食草地，保证草长不高。一旦牛群被赶走，入侵性的草、灌木和乔木就占据了这里，使堇菜无法生长，蝴蝶便会消失。

于是，为了保护芬德尔伊卡灰蝶，科学家们意识到自己需要了解这种昆虫的基本生物学特性。他们发现，如上所述的一整套系统必须完整无缺，才能让芬德尔伊卡灰蝶繁盛起来。是的，这种蝴蝶需要羽扇豆。但羽扇豆却需要火。牧场曾经野火频发，通常是在干燥的夏日由雷击引发的。原住民经常在威拉米特河谷烧山，好让一些区域保持空旷，吸引猎物进来。

这种蝴蝶还需要蚂蚁。所有蝴蝶物种中，有大约四分之一享受着与蚂蚁间的特殊关系。有些是与蚂蚁专性相关的，而另一些仅仅是有特定的蚂蚁在附近帮忙时，会生活得更好。

芬德尔伊卡灰蝶的幼虫拥有特殊的器官，能够分泌一种香甜的液体，令特定种类的蚂蚁渴求不已。一旦蚂蚁们发现一只幼虫，就会像进了糖果店的小孩一般。喜欢什么糖，它们就能吃什么糖，只要能让其他蚂蚁和胡蜂这样的捕食者远离“它们”的幼虫就行。这正是蚂蚁所做的，也是幼虫所需要的。

蚂蚁就是保镖。为了保证糖果店正常营业，它们保护着幼虫，防止可能伤害幼虫的其他物种入侵。芬德尔伊卡灰蝶不一定需要这些蚂蚁的存在和保护，但是蚂蚁赶走坏蛋时，它们的存活数量会大大增多。

因此，要想生存，芬德尔伊卡灰蝶需要的不是单纯的土地，而是长有合适种类的羽扇豆的土地，而且这块土地需要周期性的焚烧。有了这份长长的需求清单，专家们估计需要买下大片的土地。鉴于威拉米特的农业用地价格，这不太可能实现。这时，谢里尔·舒尔茨（Cheryl Schultz）出现了，她是一位初出茅庐的科学家，正在寻找一个不仅能改变特定物种的种群数量，而且能在野生动物保护的整体方法上有所作为的项目。

舒尔茨和她的同事伊丽莎白·克龙（Elizabeth Crone）发现，要拯救一种蝴蝶，需要一座村庄。她们计算了种群数量，发现芬德尔伊卡灰蝶不需要大面积的土地，彼此间隔几千米的小块土地就够了。这样一来，蝴蝶们就可以把这一连串的避难所当作跳板了。[5] 这里几英亩，那里几英亩，这种不善飞行的昆虫就能够扩散。在几处公有土地上，它的种群遍地开花——莫莉、阿梅莉亚和我去看过几个这样的地方。自然保护工作者们也找到了愿意为这些蝴蝶而采取土地管理措施的私人土地所有者。当地的一位葡萄酒商现在正在销售一种“芬德尔灰蝶红酒”。

这么说来，拯救一种蝴蝶需要举全村之力——包括五岁的小女孩们及其父母、热心的地产主、志愿科学家、有市场头脑的葡萄酒商，还有不辞劳苦的研究者。拯救蝴蝶的标准是英国和欧洲大陆于 1979 年制定的。这些科学家同样在研究如何保护另一种脆弱的小小灰蝶，芬德尔伊卡灰蝶的一个表亲。

嘎霾灰蝶俗称“大灰蝶”，[6] 它拥有独特的品味、同类相食的癖好和一种神秘的生活方式。（“大”是相对的。芬德尔伊卡灰蝶的翼展约有一英寸，而大灰蝶的翼展则有大约一寸半到两英寸。）

嘎霾灰蝶曾经分布于整个北欧和亚洲，在英国不常见，但它很受珍视。它是《泰晤士报》不断深入探讨的话题。

它不能被人工饲养。没人知道为什么。

对于蝴蝶收藏者来说，嘎霾灰蝶的魅力无法抵挡。雌雄两个性别的翅膀都是闪烁的皇家蓝色，它们闪耀着令人目眩的鲜艳色彩，好似霓虹灯牌。翅膀的边缘镶着一道细细的黑边。它本可能看起来像丧服的配色，幸好外面又有一条更细的纯白色优雅镶边。前翅上面有一道由几个深色斑点排成的圆弧，有些人形容为“泪滴”，而圆弧里面又有一个半月形的斑。

试想这个场景：在北欧黑暗、乏味的冬季结束后，维多利亚时代的人们呼朋引伴来到乡下,享受漫步和野餐的快乐。餐垫铺开。美食下肚。葡萄酒和啤酒管够。明媚的阳光几乎有点烫人。人们惬意地伸开四肢，欣赏着草木的绿色。还有几杆用来休闲娱乐的捕蝶网。嘎霾灰蝶仅仅一周多的出没时间于仲夏到来，就在夏季白昼最长的日子里。

但等到20世纪20年代，嘎霾灰蝶就几乎从英国消失了。人们把矛头指向了蝴蝶收藏者——后面看来，他们是被冤枉了。看似可行的解决方案是用栅栏将这种蝴蝶出没的地区围起来，禁止人类和牛马等食草动物进入，给蝴蝶一点空间。这应该可行。听起来是个好方案。

可它不是。

情况继续恶化。1979 年，这种蝴蝶在英国宣告绝迹。在整个北欧的其他地方，种群数量也在减少。然而奇怪的是，在传统畜牧业活动仍存在的地方，这个物种却坚持了下来。

研究者们开始探寻原因。如果说了解芬德尔伊卡灰蝶生存的复杂性是一个谜题，那么涉及嘎霾灰蝶的课题就是一道环环相扣的谜题，好像毛衣上曲折往复的复杂针法。这不光是一种蝴蝶和一种植物的事情，它事关一整套体系。

人们花了 35 年去找齐每一片拼图并拼起整个画面。[7] 嘎霾灰蝶挑剔得令人发指——“神经过敏的纨绔子弟”，[8] 大名鼎鼎的英国蝴蝶爱好者马修 · 奥茨（Matthew Oates）如此形容它。当嘎霾灰蝶的幼虫于初夏从卵中孵化时，它们会吃遍铺地百里香的花序，享用富含能量的种子。它们还会决斗到死：当两只幼虫相遇时，双方都会采取不留活口的策略；获胜者将吃掉对方。

幼虫只在特定的龄期以前吃花序。此后，它们会从植物上掉下来，在地面上等待着，就像路边的搭车客。

这时，红蚁来了，它们通常会捕食像小毛毛虫这样的脆弱生灵。但轮到嘎霾灰蝶，蚂蚁反而会爬遍幼虫的全身。它们将幼虫抬起来带回家，像对待一个负伤的英雄。

在蚁巢里，幼虫将使用多种方法掩饰自己的本来面目，试图和蚂蚁融为一体。

真是有禅心的毛毛虫啊。

接下来，事情变得有趣起来。负责喂养照料的工蚁会给予幼虫皇族般的服侍。反过来，入侵者则表现得颇像一只蚁后，安顿下来，打一个长长的过冬的盹。

醒来后，它将以蚂蚁的后代为食。

这可就不那么有禅意啦。

九个月后，吃饱喝足、娇生惯养的毛毛虫将在蚁巢里化蛹，然后羽化成为一只蝴蝶。负责保卫的蚂蚁护送着蝴蝶离巢，仿佛参加一场皇家巡游，还要向它挥手致意呢。

幼虫在一些蚂蚁巢里能生存，但在另一些蚁巢就不行。为什么？研究者杰里米 · 托马斯（Jeremy Thomas）观察了嘎霾灰蝶繁殖地的所有红蚁。[9] 他发现，这片地区实际上有五个不同的红蚁种类（这谁懂啊？），在普通人看来，它们都长得差不多。

但嘎霾灰蝶的幼虫只与一种特定红蚁的生活方式彼此协调。如果幼虫被抬进那种红蚁的巢，就能活得很好。要是被抬进了错误的红蚁种类的巢，它们就惨啦。

为何这种蚂蚁会给予毛毛虫英雄般的欢迎呢？研究者们发现了两大原因。第一——而且超乎想象的是——嘎霾灰蝶的幼虫会分泌一种化合物，模拟这种蚂蚁用来识别身份的物质。蚂蚁通过检测这种化合物来识别同一物种的其他蚂蚁。所以，当检测到这种化合物时，它们的反应就会像这只毛毛虫是受伤的同类一样。

第二——这就更是脑洞大开啦——毛毛虫会模仿这种

蚂蚁的声音。显然，这些声音就像海妖之歌，让蚂蚁难以自持。毛毛虫不只是被动地在站点等公交。它是在叫车呢。

有些研究者认为，幼虫受到蚂蚁如此厚待的原因，是它会发出蚁后的声音。如果巢里有正牌蚁后，这事儿可不会善了。但如果蚂蚁们没有蚁后，它们就会接纳毛毛虫作为自己的王。

幼虫用来迷惑蚂蚁的把戏可谓生死攸关。如果冒充蚂蚁的幼虫成功了，就会吃香喝辣。但如果骗局被揭穿，幼虫就将被吃掉。事实证明，这种情况经常发生。只有最好的模仿者才能活下来。达尔文一定会爱上这个故事的。

一旦理解了这个体系，下一步就要弄清楚是哪一个环节出了问题。科学家们研究了这种不自觉地与蝴蝶形成伙伴关系的蚂蚁。原来，这些蚂蚁同样是挑剔的娇小姐。它们不喜欢太热，也不喜欢太冷。温度必须正好，否则那些对温度不甚敏感的蚂蚁就会取而代之，越来越多。这些蚂蚁不喜欢雨水太多，也不喜欢雨水太少。

另一道门槛是不可或缺的铺地百里香。这种植物需要自己的供养体系。此处的关键是一系列草种。郊区草坪？还是算了吧。它们需要好多种植物呢。

但是草又不能长得太高。请兔子上场吧，它们会将草啃短到适合蝴蝶的高度。但一种叫作兔黏液瘤病的病毒杀死了大多数的兔子。

于是，草长高了。百里香消失了。蚂蚁们没能行使自己的职责。英国的嘎霾灰蝶也就死光了。

科学家们在此处陷入了困境。兔子消失了，而没几个人想让它们回来。怎么办？他们意识到，需要的并不是兔子本身，关键是得有动物吃草。为什么不放牛放马呢？它们每一口吃掉的草更多，也更容易掌控，还有部分原因在于，它们不会繁殖得像兔子一样快。

实验显示，如此控制草的高度是有效的，但就算这个办法也很复杂。放牧也必须管理。你不能把牛马放在野外，连续几个月不管。牲畜需要在合适的时间被放到野外，也需要在合适的时间回来。这是一个纸牌屋式的脆弱体系。

嘎霾灰蝶的一些族系（有人认为这些族系是亚种）被从英国以外的一些地方引进，在岛上重新建立了种群。终于，所有的头绪都被理清，这一次的努力成功了。

为了让我了解这种蝴蝶对英国人精神世界的影响，奥茨讲了这个故事：当一个叫科拉德山（Collard Hill）的嘎霾灰蝶保护地终于对访客开放时，一位马上要进行双侧股骨头置换手术的老人家来到了这里。蝴蝶生活在一片陡峭的山坡上，要看到它们，他必须爬下再爬上一面斜坡。他没有被吓倒。他曾经在纳粹德国上空执行过 50 次飞行任务，那股劲头还在。当他爬过山坡，来到蝴蝶们生活的地方时，“一只嘎霾灰蝶就停在他身边晒起了太阳，而这一刻，他达成了自己毕生的夙愿，那就是看到英国的每一种蝴蝶”。[10]

今天，这个物种看起来相对安全些了，虽然自然保护工作者们可能永远也松不下心里紧绷的弦。人为的破坏仍然是个问题。就在不久前，一名走私犯被逮捕，缴获物品中有很多嘎霾灰蝶的标本。他曾计划通过出售这些标本在国际蝶蛾黑市大赚一笔。他被一位热心自然保护的市民逮了个正着，警方在他家中逮捕了他。

庭审时，非营利组织蝴蝶保护基金会的项目官员尼尔·休姆（Neil Hulme）说，偷捕蝴蝶的行为在21世纪已经不常见了，但“偷捕者却相当顽固”。

那种瘾还在，仍然在人类的大脑中活跃着。

有人说，拯救嘎霾灰蝶是英国最为成功的自然保护工作。这很可能是真的。他们还喜欢说，这是全世界第一次有一种蝴蝶在它彻底消失的地方成功进行了种群重建。拯救的时机也许正是千钧一发之际。

这个脆弱的蝴蝶类群的其他成员已经消失了。最有名的例子是加利福尼亚甜灰蝶。它于1852年首次被描述，最后一次被看到是在20世纪40年代。它唯一的栖息地在旧金山太平洋海岸的沙丘上。它所需要的植物被有轨电车消灭了，电车载着人们从市中心的工作地点到郊区的家——具体说，就是这座城市新兴的日落区（讽刺的是，几十年后，阿梅莉亚那只蝴蝶将会出现在这里，在楼顶花园享用美餐）。

如果不是因为纽约州首府奥尔巴尼附近发生的一个动人的拯救故事，同样的事情也可能发生在一种名叫卡纳豆灰蝶（*Plebejus samuelis*）的小型灰蝶身上。

11 神秘奇迹般的感受

A Sense of Mystical Wonder

使人忘记时间的最高级别的快乐……是当我站在珍稀蝴蝶和它们食用的植物之间时的快乐。那是忘形的喜悦，而这种狂喜的背后还有些别的东西，一些难以名状的东西。[1]

——弗拉基米尔·纳博科夫，《说吧，记忆》

这段故事开始于一个世纪以前，在遥远的俄国乡村。日后声名显赫的作家，同时也是业余鳞翅目学者的弗拉基米尔·纳博科夫生于1899年，正值维多利亚时代的尾声，他对于蝴蝶的崇敬甚至可能超过了沃尔特·罗斯柴尔德。他的热爱几乎从孩提时便开始了，那时的纳博科夫亦步亦趋地跟在他的贵族父亲后面，开始学着识别数不清的蝴蝶种类。到十岁时，他已经在阅读国际科学期刊了。

他在那时就立下了自己人生的终极志向：命名一个新的

蝴蝶物种。那段时间前后，他给一家期刊写信，宣告自己发现了一个“新”物种，结果只能是被期刊当作一介“学童”予以驳回。很不幸，这个物种已经被描述过了。

纳博科夫热爱自家庄园里的蝴蝶。农奴们会用网给他抓蝴蝶。就像米瑞亚姆·罗斯柴尔德的父亲查尔斯曾经叫停火车，让仆人抓住他在车窗外看到的一只向往已久的蝴蝶一样，纳博科夫七岁时看到一只蝴蝶，就叫仆人抓住了它。在那个年纪，他早上起来的第一个念头，就是在想今天会看到哪些蝴蝶。关于儿时看到的一只蝴蝶，他写道：“对它的渴望，是我所体验过的最强烈的欲念之一。”[2]

这种渴望是代代相传的，他在那本文辞细腻优美的《说吧，记忆》里做出了解释。“森林中有那么一个地方，一座便桥横跨褐色小溪，我的父亲会在那里虔诚地停下脚步，回忆起 1883 年 8 月 17 日，他的德语教师给他抓的那只稀有的蝴蝶。”[3] 他的回忆录里有一张庄园的地图，标出了某一次抓住一只罕见蝴蝶的地点。父亲的热忱传递给了儿子，而他们共同的热爱又结成了一条牢不可破的纽带。当父亲因对沙皇大不敬之罪而被关进监狱时，父子两人仍然书信往来讨论蝴蝶。通过信件，弗拉基米尔了解到他父亲在监狱院子里看见过的一只蝴蝶。

十月革命来了，他的贵族家庭逃离俄国，最终一贫如洗地流落到了德国。希特勒上台以后，纳博科夫本人辗转来到波士顿，在韦尔斯利学院任教。最后，他到康奈尔大学教授俄国文学。在声名狼藉的《洛丽塔》取得巨大成功之后，纳博科夫成为全世界最著名的鳞翅目学者。记者们喜欢描述他对于蝴蝶的痴迷,认为这透露出他那难以捉摸的艺术家性格。杂志上经常有他拿着捕虫网的照片。

在韦尔斯利时，纳博科夫在哈佛大学的比较动物学博物馆做兼职。他得到了那儿的一个职位。他对小小灰蝶隐秘的多样性十分着迷，狂热地投入工作当中，小心翼翼地解剖标本，研究它们的外生殖器。（这不一定是什么下流的事儿：鳞翅目学者通常都会研究外生殖器，来判断蝴蝶的性别等。）

被鳞翅目迷住的一大原因，是他与色彩间的特殊关系。对纳博科夫来说，色彩无处不在。字母表里的字母都有着专门的颜色。“在绿色组里，”他写道，“有桤树叶色的 f，有青苹果色的 p，还有开心果色的 t。暗绿色，多多少少配上一点紫色，是我能给 w 找到的最恰当的颜色。”[4]他这一点似乎是从母亲那里遗传来的，她同样是一个联觉者。

对于纳博科夫来说，蝴蝶翅膀在夏日阳光下艳光四射的舞动会唤起一种神秘奇迹般的感受，也就不足为怪了。蝴蝶的语言，是他生来便精通的语言。

纳博科夫喜爱小小灰蝶十分精致的生活方式。在美国东北部，他对一种很小的灰蝶尤其感兴趣，却似乎总是没法在正确的时间和正确的地点看到它。一个夏天，在康奈尔和波士顿之间行车时，他发现了一片长满羽扇豆的田野，那里满是他梦寐以求的那种蝴蝶。

他判断，这种蝴蝶是一个未命名的物种。他称之为卡纳豆灰蝶，以发现它的地点，一个纽约乡村火车站来命名。从此，它的正式拉丁文学名末尾就有一个“Nabokov”了，这表明纳博科夫是这个物种的描述者。他的毕生目标实现了，他称自己为“一种昆虫的教父”。[5]

卡纳豆灰蝶曾经很常见。观察者们曾经描述过它们受到惊扰时腾空而起的“灰蝶云雾”。但即使在纳博科夫发现它的20世纪40年代，其数量就已经在衰减了。等到20世纪70年代，这些云雾已不复存在。人们对此表示关注，但在纽约，没采取过什么保护措施，直到一家土地开发商提出要在这个地区兴建一座购物中心。自然保护的倡议者们开始大声疾呼。

一场史诗般的大战轰轰烈烈地展开了。最终，各方都做出了让步。购物中心建起来了，但几百英亩的土地也被留用于栖息地恢复。当地颁布一条法令，要求不仅恢复卡纳豆灰蝶的种群，而且要恢复这种蝴蝶生存繁衍的整个生态系统。

我听说恢复之后的生态系统棒极了，便决定去走一走。

刚把车停在奥尔巴尼松林保护地（Albany Pine Bush Preserve），[6]我便发现自己面对着一只停在马利筋上的君主斑蝶。在夏末的阳光中，它光泽闪耀，熠熠生辉。游客中心是由一座银行大楼重新改造的。停车场以前是一大片光秃秃的铺砖地，现在也焕然一新。对卡纳豆灰蝶不可或缺的羽扇豆如今生长在曾经的铺砖地上。

苗床中是包括很多马利筋在内的本土植物，吸引着大量的鸟类、昆虫和小型哺乳动物。这些本土植物每一种单拿出来，都可能被视为郊区的“杂草”，但所有这些本土植物生长在一起，就创造了一片郁郁葱葱的华美景象，充满了色彩、声音，还有在各处的景观中消失已久的自然活力。

“今天是奥尔巴尼松林的大日子，”保护地自然保护方面的负责人尼尔·吉福德（Neil Gifford）在握手时对我说，“这儿的生态系统事关重大。”

我出现的这一天，是吉福德等人宣告一项成果的日子：当地的卡纳豆灰蝶种群从2007年岌岌可危的500只左右，提升到了2016年的1.5万只左右。这并非反常。健康的种群数量在过去几年间持续稳定。

和吉福德坐下来谈话之前，我在这里走了几个小时。数英里的土路和步道交织在这片土地上。这片保护地由几个市政府联合运营，起初只有几百英亩大，而现在的面积已经超过了3300英亩。吉福德则希望达到5000英亩。

我一路走着，在每一处转角，每一座山顶，都会有新的景象和声音吸引我的注意。一个蛙声嘈杂的浅池塘，让我想起了自己在非洲见过的一些地方。到处都是鸟。蝴蝶在空中飞舞。有超过20个稀有物种生活在这里。此外，这里还有90多种鸟、渔貂、几种龟、很多蛇、至少11种乔木，以及大量忍冬、蕨、禾本草和莎草。野花的种类极多，除了冬天的几个月，总有一些正在开花。吉福德后来告诉我，至少有76种被指定为需要保护的野花在这片保护地旺盛地生长着。

很多人也喜欢这里。这些土地不只是为野生生物而存在的。我所行走的土路和小径上可以开展各种活动：徒步是当然的了，还有骑自行车、骑马、越野滑雪，有时甚至还可以狩猎。

在全美国最繁忙的交通要道之一—— 90 号州际公路旁，我为所有这一切发出了感叹。我可以听到半挂车的轰鸣，此起彼伏的汽车喇叭和警笛，还有走走停停的小汽车的声音。可是我仍然感觉自己走在一片充满自然活力的地方。

奥尔巴尼保护地之所以拥有如此多的物种，关键在于野火。由于雷击，这片地区在过去成千上万年总是频繁经历天然火灾。一万年前，古印第安人在这里狩猎；而花粉样品的证据则证明，在欧洲人到来之前，人们就已经在烧荒了。在末次冰期的末尾，古印第安人很可能已经在积极地管理这片地区了。

吉福德解释道："这里的物种完全依赖于火。它们不但适应了与经常发生的火灾周旋，而且在很多情况下，它们的适应性是需要火的。"

刚松和北美短叶松的松果是封闭的，直到野火让外面的树脂融化，才能释放出种子。野火还会产生灰烬，为种子的萌发提供营养。

"大多数人没想到，蝴蝶会过得这么好。"他说。

这个项目就是他的宝贝孩子。他的整个职业生涯都奉献给了这片土地，就像农场主把一生都奉献给自己的农场。

“因为我们的管理，两栖动物和蛇的数量也爆发了。北美鸟足堇是一种特别美的小堇菜，开花又大又漂亮，现在生长在这里。我以前没意识到这儿有这种植物。它一定是在土壤的‘种子银行’里面，只是在等待。当我们开始烧荒时，就可以欣喜地看到这些小型堇菜的反应了，而它们又供养了皇斑豹蛱蝶。”这是一种长着橙色翅膀的，比较稀有的蝴蝶。

在这里茁壮生长的还有美洲茶，叫这个名是因为独立战争时期，殖民者们拿它当茶喝。它的种子落在泥土里，但“只有在一场野火之后，这些种子才会真正萌发”，吉福德说。这种植物偏爱沙质土壤，只能长到两英尺高，然后开出大簇的丰盛花朵，吸引各种各样的鸟儿和昆虫，包括好几种蝴蝶。

科学家们用了好长时间才意识到，火——而且只有火——才能让这里的植物群落复苏。在十多年的时间里，这片土地受到保护，却没有用火烧过，结果卡纳豆灰蝶未能茁壮生长。要在一片被住宅包围的地里烧荒，可是需要胆量的。

这块保护地面积 3300 英亩，这对于一个城市公园已经很大了，但这里并不是一整块区域。它被分割成大大小小的区块，其间有住宅小区、购物区和车来车往的高速公路。吉福德等人必须找到办法在这一块块的土地上烧荒，同时又不干扰他人。

出于维护目的的烧荒必须定期进行：“比较频繁，但强度很低。我们是最早完善了方法，得以在这样活跃、发达的城镇中的零散地块上按规定烧火的。没有地方可以排烟。我们找不到足够的排放空间，不能把烟排到大马路或者别人家的土地上。火绝对不能离开我们的掌控范围。我们没有容错空间。”

正因如此，用火规定限制每次焚烧面积不能超过 50 英亩。“我们必须小心，贪多嚼不烂。日落以前就必须收摊。”

我问他，资金从哪儿来呢？

他指向了一个特定的方向。

“那儿，”他说，“万物轮回峰。”

他所指的其实是一座垃圾山，紧挨着这片优质保护地。走路的时候我已经注意到它了，但是不明白它到底是什么。

多年来，奥尔巴尼市允许其他市政府在这个不断增长的垃圾堆上倾倒垃圾。为了这项权利，各市要向奥尔巴尼付钱。根据法院的要求，其中一些钱要给这片保护地。

为奥尔巴尼松林保护地奠定了基础的沙丘，是更新世冰期留给我们的一份礼物。该地区的地质学家罗伯特·泰特斯（Robert Titus）说：“在人类的观念中，这是一份礼物……不过人类在这个地区珍视的很多东西都可以回溯到冰期的影响——卡茨基尔山的美丽风景啊，艺术啊，文学啊，都可以追溯到那个时期。”在更新世的末尾，当冰雪开始消融时，冰川脚下形成了一个湖。奥尔巴尼冰川湖向南一路延伸到现在名叫比肯（Beacon）的小镇，就在纽约城的北边不远。

湖水来自大河和小溪，包括古代的莫霍克河（Mohawk River）。这条河的河口处曾经形成一个三角洲，现在早已消失。冰川大融化时期之后，湖面缩小，使得三角洲暴露在寒冷的旋风中。风将三角洲的沙子和一些比较轻的物质卷起，吹向东方，形成了撒哈拉沙漠的那种移动的沙丘。

“这真是令人浮想联翩。”[7] 泰特斯在《冰河时代的哈德孙河谷》（*The Hudson Valley in the Ice Age*）中写道，“在很长一段时间里，奥尔巴尼的这个部分都是气候寒冷的沙漠。在风的推动下，没有树木生长的大沙丘在旷野中移动。往里面放几只骆驼，一定会让你对奥尔巴尼产生不同的印象。”当然，就我们所知，当时在这片地区没有骆驼，尽管北美洲的其他地方分布着很多骆驼。

这里时常燃起野火，有时是由雷击引发的。先民们和他们在威拉米特河谷的同胞一样，用火来养护土地并帮助狩猎。通过放火，他们能够保持土地的开阔，避免森林重新占据这里。欧洲的土地所有权制度实行后，这里不再烧荒，威拉米特河谷也是如此。

和几近绝迹，仅在保护地有遗留的奥尔巴尼沙丘一样，整个小灰蝶种群也是冰期留给我们的礼物。首先提出这一观点的正是纳博科夫本人。在 1945 年发表的一篇论文中，纳博科夫指出，蝴蝶是乘着北半球的盛行风从西飞到东的，前后有五波，从将近 1100 万年前开始，到大约 100 万年前结束。

他所提出的构想，后来被证明是与气候变化模式相吻合的。

2011年，由十位科学家组成的跨国团队运用DNA技术证实，纳博科夫是完全正确的。[8] 地质构造和气候的变化促进了这些物种的扩散，物种则适应了可以利用的一切。

小小的灰蝶们过着独特的、与世隔绝的生活，着眼于本地环境，依赖于一套错综复杂、高度专化的关系网络。一旦我们理解了它们的生活方式，就有可能保护它们——如果我们足够关心，愿意在地球上为它们留出一些空间，并且投入一些钱的话。

可是对于一个像君主斑蝶这样的物种——一个遨游数千英里，从加拿大的草原迁徙到墨西哥的群山，一路都需要健康生境的物种——又该怎么办呢？

PART

III

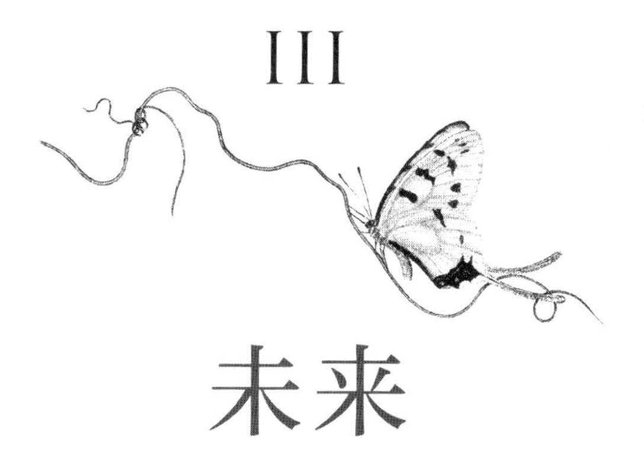

未来

FUTURE

12 社会性的蝴蝶

The Social Butterfly

明天可能下雨，所以

我将追随太阳。

——披头士乐队

金斯顿·梁是一个伤透了心的男人。

那是2017年，还有几天就到感恩节了，距离我们第一次在加州海岸中段君主斑蝶越冬的树下见面已经过去了大约八个月。梁忧心忡忡地看着自己很久以前种下的树林。我们又一次来到了莫罗湾高尔夫球场。前一年他统计了17 000只君主斑蝶，较之再前一年的24 000只有所减少。

到了再次进行虫口数量普查的时候了。希望总是有的：君主斑蝶的数量应该有所上升。西北部太平洋海岸的山火没有烧到这里。这一带海岸的温度也并不极端。而且，前一年冬季的降雨滋养了一片繁茂的野花，包括蝴蝶必需的马利筋。他以为会看到很多蝴蝶。

可并没有。

我们一起把蝴蝶们通常聚集的地方都找了一个遍。去年冬天，树枝上有数百只蝴蝶成群聚集，如今只能看到寥寥几只。

“那儿，”他说，“在那边，看着像一枝枯叶的地方。”

我们走过去仔细察看。那就是一枝枯叶。

接下来，我们就看到它们在阳光中起舞了。很多蝴蝶没有聚成一团，而是在飞行，或是张开翅膀晒太阳取暖。这是一大清早，昆虫们通常还挤在一起抵御寒冷。

但今天却是一场灾难：这是加利福尼亚式的完美一天，阳光明媚，20 多摄氏度，没有风。整个加州似乎都在庆祝这不可思议的好天气，除了正想统计虫口数量的君主斑蝶监测者们。

君主斑蝶没有抱团取暖，而是出来四下活动了，这里一飘，那里一闪，完全没有顾及自己原本的任务：聚在一起，在冬季可怕的天气中活下来。我们看到有些蝴蝶落在有其他蝴蝶休息的小树枝上，然后它们全体飞上天空。林子中有大片大片贴地生长的多肉植物日中花，开满紫白两色的花朵，很多蝴蝶停在上面补充能量。尽管当时是 11 月，而我们也来得很早，但蝴蝶却在痛饮欢宴，仿佛现在是夏天一般。

蝴蝶相当于小小的太阳能电池板，由太阳供给能量。在这样的天气，它几乎必须飞舞。虽然观之壮丽，但这对昆虫来说却是灾难性的。飞行行为的问题在于，它会耗尽能量。在迁往海岸的路上，蝴蝶已经尽可能多地进食了花蜜，以便为冬季储存脂肪。研究迁飞的专家休·丁格尔（Hugh Dingle）指出，君主斑蝶可以储藏多达原本体重 125% 的脂肪，但这种看起来毫无意义的飞行行为会将这些必要的储备耗光，而在一年的这个时间，很少有植物会开花供蝴蝶补充能量。

有些事情不对劲啊。梁决定新年后再回来，那时的天气可能会变糟。他继续怀揣着希望，希望蝴蝶数量会很多，但当他在 1 月上旬回来时，只找到了 13 000 只。

在过去的两年间，这个小地方的蝴蝶锐减 11 000 只，这令他忧烦不已。我们探讨了可能的原因。春日里野花和马利筋遍地生长，一派生机，但此后天气变得相当炎热，降雨很稀少。原本看上去那么漂亮的春天的叶子，变得干燥易燃。8 月的野火一直烧到了 9 月，又持续到 10 月，扩散到了南方。加利福尼亚经历了该州有历史记录以来最严重的火灾。

尽管高尔夫球场附近没有发生火灾，但君主斑蝶在整个迁飞途中赖以补充能量的大片野花田很可能都被烧毁了。火灾可能还直接杀死了大量的迁飞蝴蝶。又或许，让生活在时常起雾的旧金山的人们都不得不戴上口罩的浓烟，可能干扰了这种昆虫复杂精巧的导航系统。（科学家们对于这个问题存在分歧。）

可能数量本身没问题，但昆虫聚集到别的地方了，一些没人知道的地方；或者……我们讨论的一系列可能性似乎无穷无尽。

接下来的几天里，我重访了前一年2月去过的那些地点，发现了同样的情况。在皮斯莫海滩，我参加了一场志愿者培训会，他们正在学习如何给成群聚集的君主斑蝶计数。我们一大早就集合了。空气冷冽。几乎没有几只昆虫在飞。

一支经验丰富的队伍已经完成了他们的估测：12 382只。

“我不想撒谎。这数量很低啊。”研究君主斑蝶的生物学家杰西卡·格里菲斯（Jessica Griffiths）回应道。数字确实比过去几年低得多。21世纪初，数量曾达到数万只。此前十年，数量在10万以上。1991年底到1992年初的冬天，估计有23万只蝴蝶聚集在这里。

造成数量减少的原因有很多。有些很神秘：我们不断见证的气候紊乱，对于君主斑蝶的生命周期有多大干扰？不断发生的火灾产生的烟雾对它们有怎样的影响？火灾本身应该会毁灭蓄满花蜜的花，它又会对迁飞中的蝴蝶造成多少伤害呢？

另一方面，有些原因则显而易见：我去皮斯莫海滩参加感恩节倒计时的时候，才发现蝴蝶最爱的一棵桉树在晚春时节倒下了。桉树的寿命约有一个世纪，所以这并不反常，但冬天的大量降雨让情况变得更糟糕了。桉树的大部分根系都长在最上面 12 英寸的土壤里，这里很容易被大雨浇透。

其结果是环境的不稳定。这棵树倒在另一棵树上，把它也砸倒了。两棵树像多米诺骨牌一样倒下，在林子中留下了一个大窟窿，这改变了气候条件，使更多的风可以穿林而过。森林是一个不断变化的地方。没有什么是一成不变的。在过去，君主斑蝶很可能只是简单地往旁边挪挪，移到条件合适的另一处海滨栖息地。然而，随着海边建筑的增加，这些备选的地点正在消失。

一位母亲和她十几岁的女儿来参加培训会，带来了一个没人知道的小型越冬地的消息。格里菲斯和她的同事们后来去了这个地方，发现了少量蝴蝶，却没法判断该地是君主斑蝶以前一直使用的避难所，还是因为皮斯莫海滩不再符合条件，君主斑蝶才来到这里。

此后，我追上了大卫 · 詹姆斯。这是我在华盛顿州探访他的几个月之后。他正在和妻儿共度感恩节的一周假期，沿海岸北上，寻找志愿者们贴过标签的蝴蝶。我们去了很多越冬地。有一些相当大，有一些则很小。有一些在公共土地上，很多则位于私人领地。到现在，已经有 400 多个大大小小的越冬地被标记，它们散布在加州的整个海岸线，南起圣地亚哥，北至旧金山。每年还有更多地点被发现。与此同时，另一些地点则转瞬即逝。

米娅 · 门罗（Mia Monroe），一位监测君主斑蝶数量已有数十年的志愿者，[1]提出了她个人的理论：很久以前，整个海岸线很可能都是迁飞的目的地。环境条件变化时，蝴蝶可以轻易地从一片林子移到另一片。然而，门罗指出，随着时间推移，人们在海岸线上定居，这片漫长而连续的越冬地被开发建设破坏了。

“这个领域当中的认知发展得很快，”她解释道，还提醒我注意，她的想法只是众多设想中的一个，“我倾向于将君主斑蝶视为以区域为中心，而不是以树林为中心的。”她指出，如果它们飞到一处树林，而那里的环境条件不合适，那么它们似乎会去寻找一些新的地方。

“它们是昆虫，”她说，“因此对温度极其敏感。”在任何一刻，它们都会去往条件最为合适的地方。

我被她的解释震住了。我们很容易忘记，昆虫没有办法从内部稳定自己的体温。当我们哺乳动物感觉冷时，可以通过众多不同的方式来调节自己的体温。我们冷的时候会打哆嗦，一些血管可能会收缩，又或许我们会走来走去，提升心率，加快血液流动，直到暖和起来。昆虫则没有这样的能力。

由于无法在寒冷的天气中生存，昆虫开发出了其他的策略。冰河时期来到新世界的小灰蝶们进化出了如此聪明的办法，在北方的寒冷冬天以幼虫形态在温暖的地下巢穴中得到蚂蚁的照顾。

其他昆虫则选择了迁飞：当天气转寒，很多物种会向南迁徙。研究显示，至少100万年前，君主斑蝶就在墨西哥北部和美国西南部演化形成了。那时，在北美洲大地上，北方的冰盖进退无常，气候和现在一样不可预测。君主斑蝶的解决办法——每年随着马利筋开花，逐代地向北扩散，当天气转冷，就大规模向南飞，一举迁徙到安全的地方——是很合理的。

毕竟，如果能随心所欲的话，追随太阳也是很多人会做的事情。

我们的讨论让我再次思考：是什么在指引着迁飞的君主斑蝶？是什么激励着一只重量只有零点几克的昆虫，去踏上这样的一段旅途？

再有，它们到底是如何知道自己要去哪儿的？

19 世纪后半叶，维多利亚时代的蝴蝶狂热达到了顶峰，观察者们报道说，从美国西北部向南迁飞的君主斑蝶绵延数英里，遮天蔽日，“使白天恍如黑夜”，[2] 这是威廉 · 利奇对查尔斯 · 瓦伦丁 · 赖利（Charles Valentine Riley）1868 年一份记载的总结，后者是最早提出这些昆虫可能进行长距离飞行的生物学家之一。“在数小时内，人们看到几百万只昆虫经过，就连在波士顿也是如此。”贝恩德 · 海因里希（Bernd Heinrich）在《归家的本能》（*The Homing Instinct*）中写道。1885 年和 1896 年，观察者们形容君主斑蝶的数量“几乎令人难以置信”，[3] 并写道：“大群大群红色翅膀的巨大蝴蝶飞过，天空几乎变成了黑色。”

尽管君主斑蝶在秋季的飞行为人所熟知，北方人还是不知道这些昆虫要去哪里。很多人知道落基山脉以西的君主斑蝶迁飞到了海岸，但没人想到，东部和中部迁飞的君主斑蝶最终的目的地是墨西哥群山中的一小片地区，就在墨西哥城以西一小时左右路程的地方。这个事实一定显得很荒诞吧。

这个谜团一直没能解开，直到从小就热爱君主斑蝶的加拿大生物学家弗雷德·厄克特（Fred Urquhart）决定找出答案。[4] 这花费了他毕生的时间。20 世纪中叶，他启动了第一个君主斑蝶监测项目。第二次世界大战之后，他和妻子诺拉（Norah）开始策划一项覆盖北美大陆的全民志愿科研项目。一切都是手工完成的。在那个计算机尚未出现的时代，发现贴标签的君主斑蝶的人们通过慢悠悠的信件来报告它们的位置。然后厄克特会将这些发现标记在一张巨幅的挂墙地图上。从一只只蝴蝶被贴上标签的地点，到它们被重新发现的地方，他画上了黑线。

起初，黑线都汇聚在了得克萨斯，但那里没有发现过越冬地。厄克特的结论是，这些昆虫去了得克萨斯与墨西哥的边界以南。没几个人相信他。此后，厄克特的志愿者中有一对夫妻就在墨西哥，丈夫是来自美国的业余博物学者，妻子是墨西哥人，他们沿着君主斑蝶目击点的轨迹进入马德雷（Sierra Madre）山脉，询问当地人后发现了山中的越冬地点。他们给厄克特打了电话。“我们找到了——几百万只君主斑蝶！”[5] 这位科学家和他的团队欣喜若狂。

但是，找到一处君主斑蝶的聚集点，并不能证明墨西哥山顶上的蝴蝶就是从加拿大等地飞向南方的那些蝴蝶。事实上，这个想法似乎很疯狂。它们怎么能从加拿大一路飞到墨西哥呢？它们从没去过那里，到底是怎样找到这些异国他乡的山中避难所的？要接受这种想法，需要超出常理的坚定信念。

有时，完善的计划实施起来甚至比计划中设想的还要顺利。此时年事已高的厄克特决定去来一场朝圣之旅，亲自看一看。沿着陡峭的山坡爬到海拔 11 000 至 12 000 英尺后，他坐下来休息。在他的面前，一根被成千上万只君主斑蝶压弯的枝条从树上断裂，掉落下来。蝴蝶散落得到处都是。

而就在此处，就在他的眼前，有一只带着他的项目标签的君主斑蝶。

这也太棒了，简直不像真的。不过，一些最了不起的科学突破就是偶发事件带来的。比如青霉素的发现，就纯粹是个意外。

机会偏爱有准备的头脑。但这可太梦幻了，像一出希腊戏剧，天降洪福，问题一下就解决了。那一年，在厄克特周围的树上越冬的君主斑蝶可能有五亿之多，找回他的小小项目里的一个标签的概率是两千万分之一。幸运的是，厄克特有一支《国家地理》的队伍陪同，他们能够证明这位科学家确实撞上了好运。

发现君主斑蝶在墨西哥一小片山地越冬的，并不是厄克特；墨西哥人早就知道了。但他的确证实了，这些聚集起来的君主斑蝶是从北美洲北部一路飞来的。

厄克特的目击解开了一个谜团，但在科学领域中，一个问题得到解答，就有一百个新问题提出来。随之而来的问题很明显：它们是怎么做到的？一只从没去过墨西哥的小小昆虫，是如何找到路线，来到这些拥有适宜越冬的完美微气候，小而特别的山中之地的？（最终，研究者们将会明白，蝴蝶是在这个高海拔地带的很多片树林里落脚的。这片山区的一小部分将成为一个联合国生物圈保护区。）

几十年间，无人知晓答案。接着，科学家们开始逐渐破解生命细胞在分子层面的秘密。如今我们对细胞的运作方式已经有了足够的了解，可以给出一个多少算是完整的答案了。这个故事特别酷，而它的开端，和地球上的大多数生命故事一样，是太阳。

我们都痴迷于太阳。[6] 我们的血管里流淌着时间。这不是我们选择的，它是生命之规则赐予我们的。

这是我们这个星球上的生命的天然属性，就连没有眼睛的生命体都受到这种规则的左右。我们的细胞每小时都随着晨昏的节律而脉动。即使是像蛾子、蝙蝠、寄居蟹和十几岁的臭小子这样夜间活动的生物，也接受着一天 24 小时周期的支配。

各个人类文明一直将我们这颗金色的圆球奉若神明，证明太阳的伟力影响着世间各种各样的生命。希腊人崇拜赫利俄斯(Helios)。阿兹特克人追随着纳纳瓦特辛(Nanahuatzin)。巴斯克人热爱保护人类的太阳女神艾基（Ekhi）。古代的澳大利亚人传颂着关于太阳女神诺威（Gnowee）的一段令人心酸的故事，她举着那根照亮世界的火把，从清晨到黄昏，日复一日地寻找着自己走失的孩子。这是一个可悲的故事，她的哀伤却是世人的福祉。其他文明则讲述着：神灵们驾着马拉的战车，拖着太阳穿过天空，从清晨到黄昏，尽心竭力地为人类带来光之庇佑。

太阳是我们永恒不变的“时钟”——这位将世间万物维系在一起的指挥家，让所有生命在伟大的交响乐中保持和谐一致。我们无法回避这个时钟永不停止的计时，就算躲藏在完全的黑暗中也不行。在科学实验中，人类志愿者与世隔绝地生活了几周，体内的生物钟仍然和太阳的节律一致。

我们都依赖于同一个普世通用的时钟，当然，从人类具备思考能力以来，这个事实便广为人知了。但我们对这个时钟的服从,其背后的生物学原理却直到最近几年才得到解释。这一复杂原理的发现极为重要，几位研究者因对该现象在分子生物学层面的细节阐释而获得了诺贝尔奖。

我们的每一个细胞都在一个永不停息的24小时反馈循环的作用下脉动着，这是细胞每天遵照计划合成和分解生物化学物质的一个周期性波动，协调着我们整个身体的机能。由于这些反馈循环，我们身体里的每个细胞都与其他体内细胞，甚至与外部世界的其他细胞协调一致。

我们全都按相同的节律作息。如果出于某些原因，我们没有与周围的生命同步——比如坐飞机跨越很多个时区——那么我们就会感觉“不对劲”，直到我们的细胞与周围的世界协调一致。如果我们生活在推行夏时制的地方——春季往前调，秋季往后调——要做到同步也得花掉几天时间。

这是因为在每个细胞里，各种各样的基因都会整日不停地开开关关，正是太阳让基因了解时间的变化，而这需要花上一段时间。我们需要调节自身内部的时钟，来和天空中燃烧的永恒时钟重新同步。这就是为什么跨越时区的旅行者会被告知在抵达后尽快到外面去。

这种激活和蛰伏间有规律的切换，就是研究者所谈论的昼夜节律。我一直以为，“节律”这个词只是单纯的诗意表达，但如今，现代显微镜已经允许我们对细胞活动进行录像了。节律，或者说脉动，是非常真实的存在。运用正确的技术，我们就能实时观看到这种状况。我们细胞的律动看上去有点像一颗跳动的心脏。

地球生物都遵照 24 小时的太阳周期生活，这就是为什么狗知道下午 3 点去公交站接孩子，为什么马知道早上 6 点是大麦到来的时间，为什么奶牛一到傍晚 5 点就会自己回家挤奶，为什么婴儿大约在同一时间开始折腾，为什么鸟儿根据季节飞往南方和回到北方，为什么像马利筋这样的植物在每年同样的时间开花和凋谢。这些都不是偶然的。它们全都是由光明之主，也就是我们所围绕的太阳安排的。

就连昆虫也在太阳的管辖之下。神经科学家拉塞尔·福斯特（Russell Foster）和利昂·克雷茨曼（Leon Kreitzman）在他们的著作《昼夜的节律》（*Circadian Rhythms*）中解释道，花朵会在每一天的特定时间产生花蜜，而昆虫“知道”这些时间。开花植物的迎宾红毯只在一定的时刻铺出来。“蜜蜂有一本用来访花的每日预约手册，它们能‘记住’每天多达九个预约。”书中写道，“太阳所定义的一天会同样呈现在蜜蜂和植物体内，它们能够‘判断’时间，将自己内部的‘时钟’调准。”因此，地球上的生命概莫能外。

包括蝴蝶。

但昼夜节律的时钟并不是地球生命唯一的同步器。很多生物还会遵照一种季节性的时钟来生活，即周年节律时钟。在遗传的驱使之下，这个一年运转一周的时钟确保正确的事情发生在一年中正确的时间。要想在一个变化无常的星球上生存，这种同步对于生物来说是必要的。我们的世界离不开准确的计时。

尽管没有日历，熊照样在秋天蛰伏，春天醒来；马照样在早春产驹，就在高蛋白的嫩草发芽之前。我们对于秋季日渐减少的阳光的反应，是变得“慵懒”，是舒坦地坐在扶手椅上，是采取冬季的行为方式，是睡得更早，起得更晚。我们以春季的行为方式回应逐渐变长的白昼：盼着出门，起床更早，变得更加活跃。

君主斑蝶同样会以专门的生物学特性变化来响应周年节律。[7]秋季迁飞的君主斑蝶与夏季的君主斑蝶是不同的动物，就连模样都不一样。迁飞的君主斑蝶从蛹中羽化出来时，比其父母更大、更强壮，色彩更浓烈。因为需要升到高空，借强风之力长途飞行，所以迁飞型君主斑蝶的翅膀被塑造成更适于迁飞的形状。

它们的翅膀尤其适合驾驭气流。正像我喜欢驾皮艇顺河而下一样，君主斑蝶喜欢乘着气流飞行。对于昆虫来说，飞行是它们所做的最消耗能量的事情之一。迁飞的君主斑蝶利用顺风来抵消这一影响。这种能力意味着它们能飞得更远——“滑翔”也许是个更恰当的词——因为它们每英里所用的能量更少。

它们飞行的模式有所区别。夏季的君主斑蝶窜来窜去的，在花间轻快地掠过，寻找花蜜。雄蝶不知疲倦地追逐着雌蝶，而雌蝶则一边靠花蜜补充能量并产卵，一边躲避着雄蝶的侵犯。迁飞型君主斑蝶则不同，它们有方向，并且专注于此。它们在迁飞前通常不会交配，而是只有一个目标：到达目的地。在去往南方的旅途中，它们食用尽可能多的花蜜，将糖分和脂肪储存起来，以备寒冷的冬季之用。它们在向南方迁飞的路上吃得非常多，有些在到达越冬目的地时，甚至比刚开始迁飞时还要重。

重要的是，它们变得高度社会化。它们更喜欢聚集，在飞往南方的过程中，有时短短几个小时，有时几天几天地停落在树上，密度大到一只叠在另一只身上。

“它们在停落的时候会相互忍让，”[8] 君主斑蝶研究者帕特里克·格拉（Patrick Guerra）[9] 对我说，“我们不知道它们是否真的会彼此吸引，还是说它们只是都在寻找同一个好用的地方，并且最终落脚在同一个地点。”

我问他，如果它们没有彼此吸引，又为何会这样？

“也许在停落的地方，存在信息共享之类的事情。”他提出。

这有没有可能是一种有效的手段，能帮助它们找到去往正确越冬地点的路呢？我很好奇。

“也许吧，”他回答道，“又或许它们只是在互相效仿。”可能一到墨西哥，它们就彼此跟随着到山里去。还有可能，它们都受到了同一种声音或者气味的吸引。格拉等人希望某天能构思出一项研究，来回答这个问题。

它们容忍彼此的原因之一，可能是迁飞当中的君主斑蝶不会繁殖。事实上，它们通常是无法繁殖的，因为生殖器官没有完全发育，故雄性的侵略性大大减弱。迁飞型君主斑蝶不再把能量投入产卵过程中，而是用于更好地生长，使身体更适合长途飞行和度过漫长的越冬期。

开启了这项重构过程的开关之一——你猜对了——是太阳。当白昼变短，君主斑蝶的内置时钟就会注意到日照的短缺并改变发育方式。从蛹中羽化出来的这些昆虫是超级飞行家，精于把握风向，擅长长途飞行。

它们更有动力飞向一个特定的方向，格拉告诉我："秋季的迁飞型君主斑蝶有强烈的向南飞行的行为倾向，而夏季的君主斑蝶则会飞向任何地方。"

当我们这些陆生生物看着海洋或天空时，我们看到的是"水"或者"空气"。但经过演化而生活于这些环境的生物却能感受到精巧复杂、如同铁路网的运输系统。不知什么原因，君主斑蝶能够感知复杂的气流体系，并能够乘着热气流升上高空，御风而行，但关于它们究竟如何辨识风况，具体细节仍然是个谜。

随着我们谈话的进行，列在"有待研究"一栏下的问题数目便一分钟一分钟地增加。科学是个永不完结的故事。19 世纪末，就在电子被发现之后，一位物理学家写道，科学的任务已经完成了，所有该发现的都已经发现了。仅仅几年之后的 1905 年，有个叫爱因斯坦的年轻人写下了 $E=mc^2$。

所以你瞧：科学永远也不会"完成"，除非人类不再是有好奇心的生命体。

格拉从小就对昆虫感兴趣，后来在马萨诸塞大学医学院杰出的神经科学家史蒂夫 · 里珀特（Steve Reppert）的实验室开始了他的君主斑蝶之旅。里珀特和格拉等研究者花了数年时间，发现了君主斑蝶的迁飞背后的一些生物机制。

人们已经证实，君主斑蝶用太阳作为指南针来引导自己的飞行。里珀特团队再次演示了这一现象。研究者调整了一套由来已久的实验流程，将一只秋季君主斑蝶装进一个放在户外的敞口大桶里。这只昆虫被小心翼翼地拴在了桶中间的一根杆子上。

这只蝴蝶唯一能看到的，就是头顶的天空和太阳。绑绳的设计使得蝴蝶可以自由转向，飞往任意方向，但不能向上或向下。

与之前的研究一致，里珀特团队发现，这些君主斑蝶一直朝西南方向飞。

非迁飞型的君主斑蝶则没有这么做。

“太阳在天空中给出了很好的方向提示。”格拉说。

在我听来这很有道理。人类也是这么干的。

随后他又补充道：“奇妙的是，它们的大脑只有针尖大小，做的却是我们需要进行各种复杂计算才能明白的事情。”我脑海中浮现出大型客机宽大的导航面板，然后想象把这一切都压缩进一只蝴蝶的小脑袋里。

为了测试这种向西南飞行的行为的持续性，研究者们把手伸进桶里，轻轻地将每一只正在飞行的秋季型君主斑蝶拨到了另一个方向。刚一放手，蝴蝶就调头回到西南方向。夏季型君主斑蝶则不会这么做。

在里珀特的一次讲座中，我观看了记录这种现象的一段视频。人们倒吸了一口气。这个现象太明显了。这些迁飞型君主斑蝶都是有决心的小家伙，执着，不肯屈服，一条道走到黑，它们确实与自己的夏季同类不同。它们不会被吓倒，它们只会一路勇往直前。

蝴蝶用太阳作为向导，这项了不起的能力背后有一道显而易见的障碍：太阳不是一动不动地待在天上的。在我们这些脚踏陆地的生物看来，正如崇拜太阳的远古先祖所记述的一样，太阳看上去是在天空中运动的。

在保持稳定路线的同时，考虑到这种明显的移动，一只在清晨向南迁飞的蝴蝶会让上升的太阳一直位于自己的左边。一只在傍晚向南迁飞的蝴蝶会让下落的太阳一直位于自己的右边。正午时分，迁飞的蝴蝶会径直朝着太阳前进。

对我们人类来说，这项成就近乎梦幻。蝴蝶如何知道现在是上午、中午还是晚上？它们怎么知道自己与移动的太阳的相对位置？蝴蝶是怎样“知道”太阳会“动”的？答案在于蝴蝶有一个与生俱来的计时器，即昼夜节律钟。它通过在夜间产生特定的分子，在白天将其分解来进行计时。

“在白天，太阳会诱发这些分子的分解，”格拉对我说明，“光会从根本上使其停止产生。这与我们每天的日照周期同步。”

“甚至在没有太阳时，这也会发生。这种节律，这种波动，将会持续大约一周。然后它会变得越来越失调。情况就变得单调，不再有波动了。”他补充道：“此外，持续不断的光照也会破坏这个时钟。你会得到一个单调的节律。数百万年来，我们早已适应了昼、夜、昼、夜……如果你觉得节奏乱了，如果你想要重置时钟，只要去露营或者远离城市电网就好了。”

对于蝴蝶来说，情况同样如此。我们星球上的几乎所有生命体都一样。

在开展了一系列漫长的研究之后，里珀特团队对于君主斑蝶如何迁飞补充了更丰富的细节。在其中一个研究里，他们跟昆虫玩起了恶作剧。他们抓来正在迁飞的蝴蝶，将它们关在特制的恒温箱里，通过电灯的开关，研究者们可以控制里面的“阳光”。

接下来，通过与真实时间错开六个小时去开关灯，科学家们“改变”了时间。这就好比蝴蝶们飞过了六个时区。如果你在不知情的情况下遇到这个变故，你会相信这个改变过的时间，而实际上这与正确时间相差六个小时。

你的脑子会乱的。

蝴蝶也是。

当研究者们将这些“有时差”的蝴蝶放到户外，装进敞口的桶里，昆虫在里面根据真正的太阳辨别方向时，它们的计时系统就失灵了。它们飞向了错误的方向。举例来说，它们那套经过电灯调校的内部时钟告诉它们现在是上午10:00，应该让太阳在自己的左边。事实上，这时却是一天的下午，它们本应让太阳处在自己的右边。

格拉解释说：“在小小的恒温箱里，他们以为就是这个时间。然后当你在户外测试时，它们仍然觉得自己在小小的恒温箱里，并且据此行动。它们使用了错误的规则。当我们把它们拿到外面时，时间对于它们来说是上午。但实际时间却是下午的晚些时候。它们严格遵照指令完成自己的任务——却把背景搞错了。”

但它们是如何做到这一点的？它们是用眼睛来跟踪太阳的吗？这是我们会做的事情，而且我们很可能会继续这么做，直到周遭世界的节律提示我们时间变了。

又或者，它们是在运用其他感官——也许是人类不具备的一种感知能力？举个例子，蝙蝠用它们自己的声呐来导航，这种机制叫作回声定位。也许君主斑蝶同样拥有一套特殊的导航工具包？

科学家们早就知道，生命体拥有居于核心管理地位的生物钟以及每个细胞里面的昼夜节律钟。格拉提出：想象一部电影，里面的领队告诉参加任务的所有人“该对表了”。

他继续说：“这里边有一个至尊魔钟，一钟御众钟。”而对于我们来说，这个钟指的是我们大脑中一个专门的区域。研究者们猜测，蝴蝶们的至尊魔钟同样存在于大脑中。

他们错了。

里珀特团队指出，迁飞型君主斑蝶利用一个重要的导航钟飞行，其位置不在大脑，而是在触角上。

“君主斑蝶的大脑中有一个中央时钟，管理着睡眠—苏醒循环等。但我们团队发现，在定向方面，它们用的是触角中的时钟。”格拉解释道。

理论上来说，我们也会做一些类似的事情。

“我们的周围有好多钟表，我们用它们来完成各种各样的任务。”比如墙上挂的钟啊，笔记本电脑的表，手机的表啊。

“不过锻炼身体的时候，我用的是腕表。”他说，“由于某种原因，触角里的时钟被用于迁飞。这就是为什么我们的发现如此离奇而出人意料。你本以为至尊魔钟会在昆虫迁飞时告诉它现在是一天中的什么时候，但情况显然并非如此，昆虫用的是另一个时钟，一个大脑以外的时钟。”

蝴蝶的触角才是关键所在，那是生命体与整个世界相遇的地方。它们的触角是真正具备全方位功能的器官。孩子们在描述触角时，有时会用“碰”这个词，也许他们会从蝴蝶的触角想到玩摸瞎子的游戏时伸出手臂摸索的感觉。这个寓意还挺恰当的。

蝴蝶的触角是大自然的奇迹。就像一把瑞士军刀一样，触角是一个很棒的多功能工具盒，里面有各种各样的工具，能够行使很多必要的功能。它能探测到空气中飘来的气味，有时离得很远就可以。它让昆虫在飞行中保持平衡。它帮助昆虫在飞行时找到方向。它还拥有好几个象征性的“时钟”，包括一个将重要的时间信息发送给大脑的时钟。

格拉和里珀特团队想进一步探索。两根触角俱全的蝴蝶可以高效导航。当一根触角被去掉时，蝴蝶的导航仍然不错。但两根触角都没有了，蝴蝶就不能再辨别方向，无法向南飞行，完成迁徙了。弗雷德·厄克特曾经在20世纪50年代非正式地提出过，事实可能如此，但里珀特的实验室通过一个设计精巧的实验证明了这一点。

他们没有去除单根触角，而是决定把两根都涂上颜色。他们把其中一根涂成黑色，这样光就无法穿透。他们将另一根刷上了透明的颜料，光可以透射进来。

涂了颜色的昆虫无法再确定飞行方向。关于时间的信息自相矛盾，显然是由两根触角分别发送给大脑的。他们的结论是，蝴蝶有一种计时的机制，在每一根触角中像“时钟”般发挥着作用。当一根触角缺失时，昆虫仅靠完好的那根触角仍能够很好地定向。但当两根触角被涂上不同的颜色，每根触角发出的信号就不一样了。科学家们总结道，追踪太阳运动的生物学机制存在于蝴蝶的触角中。

当2月下旬到来，君主斑蝶开始离开它们的越冬地，向北而行，追随着春天重生的植物。其中一小部分会乘着风，飞到加拿大边境或更远的北方，而大多数则停在墨西哥或得克萨斯，在那里交配，产下下一代的卵。这一世代会继续向北，持续四到五代，直到夏末的君主斑蝶再次南下。

里珀特团队想知道，墨西哥的蝴蝶们如何在冬季的末尾找到重回北方的路。一些研究者认为，这种变化的生物学机制是由延长的白昼引发的，正像南迁也是部分由变短的白昼引发一样。其他人则指出，白天的长度不是诱因，寒冷的气温才是。

赌注可高了。

他们赌了半打健力士啤酒。

为了找到答案，格拉首先在得克萨斯捕捉了正在春季向北迁飞的个体。他将蝴蝶释放，追踪着它们的飞行，发现蝴蝶同样使用太阳导航，而它们的工具包如今正在帮助它们找到去北方的路。

指南针翻转了过来。

这是怎样发生的?

下一步，团队从新英格兰捕捉到向南移动的秋季迁飞型君主斑蝶。研究者们将它们留在新英格兰经历了 24 天的低温，情况就像这些蝴蝶经历了墨西哥山区海拔 12 000 英尺的一个冬天。

将这些被巧妙欺骗的昆虫放入敞口桶之后，研究者们发现君主斑蝶们飞向了北方。虽然此时尚值秋季，君主斑蝶们却在“返程迁飞”，仿佛它们已经完成了南下前往墨西哥的一整轮迁飞，现在又回来了。

与此同时，他们捕捉并囚禁了另一群秋季迁飞型君主斑蝶。他们没有让这群蝴蝶经受温度变化。反之，研究者们将它们在稳定、温暖、近似秋季的条件下关了几个月。然后，他们在翌年 3 月放飞了这些昆虫。蝴蝶的表现就像是经历了一场休眠，而从某种意义上来说，情况确实如此。

这些蝴蝶继续向南飞去，仿佛此刻仍是秋天。

“总体而言，我们由此得知，秋季迁飞型蝴蝶遭遇寒冷时，就会往北飞，而不是向南。而当我们选取其他秋季迁飞型蝴蝶，让它们在实验室里暖暖和和地一直待到春天，它们就会往南飞，这时候，它们那些从墨西哥返回的朋友已经在往北方飞了。”

“这就是最后一块拼图啦。”格拉说。

他们证明，确定迁飞方向的关键不是日照长度，而是低温。

这真是让人担心啊，他指出。

“全球变暖会带来这样的后果，”格拉警告说，“如果墨西哥不再出现低气温，那么迁飞的蝴蝶就可能再也不会回到北方了。”

里珀特团队并不了解这些关键信号的具体细节。这些蝴蝶需要经历多长时间低温，才会切换它们迁飞的开关？它们需要的低温最起码是多少度？更多的问题有待进一步研究。

总而言之，科学界发现，君主斑蝶的迁飞不是一种“生搬硬套”的行为，蝴蝶会接收很多环境信号，并以某种方式综合分析以采取行动。这些信号包括白昼的长短、变冷或变暖的气温、马利筋的生长和衰败，其中哪项优先，取决于蝴蝶的复杂行为发生的环境。迁飞的意愿——迁飞综合征——似乎并不是由任何一个单独的开关来单独控制的。

进化与变化有关，而君主斑蝶的迁飞正是一个经典案例。说到迁飞型君主斑蝶的“正确”行为，其实并没有什么对错之分。事情不是非黑即白，而是有相当大的灰色地带。有典型的君主斑蝶行为，但也有异常行为，有举止另类的蝴蝶，它们不拘泥于常规。事实上，君主斑蝶似乎尤为擅长这种狡兔三窟的生活方式。

2017 年的秋季迁飞期间，加州圣塔芭芭拉（Santa Barbara）的凯茜·弗莱彻（Cathy Fletcher）把一盆马利筋搬到自己的花园，一只雌性君主斑蝶来了。这只昆虫产了五枚卵，每棵马利筋上一枚。然后它又飞走了。

大卫·詹姆斯和我讲了这个故事。我很好奇。根据我所读过的材料，迁飞中的君主斑蝶本不应繁殖。我给弗莱彻打电话询问了细节。我们谈话的时间是 12 月中旬，那时山火仍然在肆虐。圣塔芭芭拉发生了一些可怕事件，包括一座大型赛马场失火，很多马死于火灾。弗莱彻告诉我，火灾没有威胁到她家，但由于浓烟，她和丈夫还是被告知要待在家里。终于可以出门之后，他们发现一些蝴蝶躺在地上，看来是被烟雾或尘埃给害的。弗莱彻救活了一只——给它清理干净，喂了一点花蜜，然后送它踏上旅途。

那只产卵的君主斑蝶现身的时间是在迁飞早期，9 月份。“我就站在那儿，沉浸在那一刻。”弗莱彻对我说。她注意到那只产卵的雌蝴蝶身上有一个标签，她拍了张照片，发给了大卫·詹姆斯。那只蝴蝶是由北边几百英里之外俄勒冈州的一位志愿者贴上的标签。它已经迁飞了数百英里，却以产卵告终。

我问，这是否意味着这只蝴蝶因此不能越冬，却发现这正是最大的谜团之一。它会在冬季行为和夏季行为这两种生物学状态之间来回转换吗？它是否注定会在产卵后结束自己的生命？它似乎不太可能再转换回越冬的生物学状态，不过话说回来，北方的君主斑蝶一路迁飞到墨西哥，曾经也显得不可思议。

“研究显示，飞往南方的意愿和产卵的行为并不像我们过去所想的那样紧密相关。”格拉解释道，这意味着在气温异常的条件下，一只迁飞途中的蝴蝶有可能切换成繁殖模式。“蝴蝶可能处在迁飞综合征当中，但在南下的路上，它可能经历了足以促使其繁殖的高温。看起来就好像是有两套指令——迁飞的指令和产卵的指令。”这两套指令具体是如何平衡的，仍然有待深入研究。

因此，蝴蝶如何找到从加拿大到墨西哥的路，不再是和从前一样深奥的谜题了。“但还有其他问题有待解答。”格拉说。在科研生涯之初，格拉毫不担心关于君主斑蝶的学问已经被“做完了”。

他想知道：“君主斑蝶如何知道何时停下脚步？我们不知道它们为何停在墨西哥。墨西哥一定有一些潜在的东西告诉君主斑蝶它们到地方了。也许有一些信号：是这个味儿，我们该停啦。如果森林消失了会怎么样？它们还会去那儿吗？它们是如何感知磁场的？这都赶上《星际迷航》了。”

根据人们的普遍认知，君主斑蝶的行为方式是非常专一的：一只迁飞途中的君主斑蝶不会繁殖。可是，对于君主斑蝶而言，规则仿佛就是用来被打破的。或许，这正是这个100万年前刚刚在北美洲一小片地区演化出来的物种现在飞翔在世界各地的原因。和生活在独特环境中的英国嘎霾灰蝶不一样，君主斑蝶能适应各种各样的环境，在乘风所至的任何地方，只要还有马利筋，它们就能生存。

《迁徙》（*Migration*）的作者休·丁格尔为我讲解道："多样性是进化的养料。君主斑蝶是否进入繁殖性滞育（生殖器官的暂停发育），取决于白天的长度。但这可以被温度改变。产卵不过是君主斑蝶行为灵活多变的又一个例子。在加州这样一个气象条件如此多变的地方，情况尤其如此。"

加州也许需要生命体具备极强的适应性，但丁格尔和他的学生迈卡·弗里德曼（Micah Freedman）同样研究过关岛的君主斑蝶，这种蝴蝶在那里十分繁盛，但是不迁飞。在澳大利亚，有些君主斑蝶会迁飞，另一些则不会。君主斑蝶还生活在很多太平洋岛屿上，在那里，它们一般不迁飞。换句话说，在这个物种中，不同个体的行为有很大的不同。

我花了一些时间思考这个问题。作为一个以哺乳动物的视角先入为主的人类，我从没想到过，昆虫的行为竟然毫不生硬机械。它并不简单，也不是一成不变的。由此可见，灵活多变的行为是有意义的。蝴蝶和蛾子存在的时间超过了一亿年。如果没有高度的适应性，没有做出改变的能力，它们便不会生存得这么长久。一只蝴蝶谋生靠的是闯荡世界，穿过气流，躲避捕食者，搜寻到最适合自己的植物。一只君主斑蝶的世界甚至更加广阔，如果它是长寿的玛士撒拉世代的一员，有时必须飞越数千英里，找到合适的越冬避难所，再回来产卵。

理所当然地，它们的行为必须具备可塑性。

丁格尔发现的那条普遍真理，在于每个物种都天然地带有多样性。举个例子，当鲑鱼在出生的淡水溪流上游孵化时，它们会顺流而下，游到海里。接下来，大多数会游到远洋当中。但并非所有鲑鱼都是如此，有些会停留在靠近海岸线的地方。这就是大自然的风险对冲。如果远洋发生了意外，使鲑鱼遭受灭顶之灾，那么还会有更靠近家乡的种群来重新恢复局面，让一切再次运转起来。

君主斑蝶也是如此。研究者在君主斑蝶的各个族系中都发现存在迁飞的行为倾向，这表明存在遗传因素，但根据这种倾向不能预测具体某只君主斑蝶是否会迁飞。比如在君主斑蝶可以安度冬季的佛罗里达州，有些会迁飞，另一些就不会。这种差异很有可能取决于这些昆虫所处的环境条件。

格拉将这些昆虫视为“行走的感应器”，它们必须对这个星球上各种各样不断变化的环境条件做出反应。“这是有道理的，因为你没法预测将会发生什么。君主斑蝶总是试图让自己待在连豌豆公主也感觉舒服的地方，一切都得是恰到好处。”

这就是为什么它们演化出了迁飞的能力——却又不一定非要迁飞。

休·丁格尔和他的同事迈卡·弗里德曼想进一步了解迁飞和不迁飞的蝴蝶之间的区别。[10]不迁飞是由于丧失了迁飞的生物能力，还是由于缺乏适当的环境信号？他们捕捉了没有迁飞的澳大利亚君主斑蝶，在日照减少的条件下，让它们交配繁殖。

而接下来，他们发现了一些引人注目的现象。

“向定居型的转化可能不是不可逆转的。”弗里德曼告诉我。

我觉得这挺有意思，但比这还有趣的是，他们指出，对于生活方式的选择不是在成虫阶段发生的，而是在幼虫阶段。当弗里德曼和丁格尔将下一代的幼虫置于模拟秋天的环境条件下时，他们发现幼虫阶段又延长了几天，它们发疯般地进食，积累蛋白质和脂肪，就好像正在为一场长途飞行做准备一样。

所以，事实证明，幼虫在自己身处的世界的经历可能决定了蝴蝶成虫的行为。在一场构思精巧的神奇实验中，进化生态学家玛莎·韦斯（Martha Weiss）[11]认为，这大概是真的。她将蛾类的幼虫放在一个特定气味会引发电击的环境中。多数幼虫都学会了避开那种气味。当蛾子羽化出来之后，她发现多数蛾子同样会避开那种气味。换句话说，幼虫所收集的信息经过变态的阶段传递了下去，并融入成虫的行为当中。

这曾经被描述为“记忆”，但生物学家使用这个概念，并不是就人类的意义而言的，说的可不是我们记住自己早饭吃的是什么之类的事情。它更像是说，“记忆”是一种生物学编码的避险倾向，会延续到成虫阶段。对这条研究路径——幼虫阶段收集的信息如何使一只会飞的昆虫受益——的探索才刚刚开始。它很可能产生耐人寻味的结果，将帮助我们更好地理解，经验和生物机制如何在我们自己的成长过程中交互作用，并塑造了成人的个性。

从我们的视角看，飞行中的蝴蝶好像“挣脱”了尘世的羁绊一样。但事实上，没有比这更离谱的了。幼虫在尘世间经历的各种事件，都凝结在这只蝴蝶，这个“新的”生命体之中。

我们往往还认为，君主斑蝶的迁飞是蝴蝶世界中极不寻常的一件事。可这其实也是错误的。很多蝴蝶都会迁飞。

位于中国和巴基斯坦边界的乔戈里峰，在西方被称为K2，它只是这个星球上的第二高峰（珠穆朗玛峰是第一高峰），却可能是最难以靠近的山峰。很少有登山者尝试攀登，而在尝试过的人中，每四人就有一个遇难。因此，这座山峰有一个别名：凶险之山。

28 251英尺高的顶峰从周围的山脉中脱颖而出，它看起来就像一座金字塔，却有着不可思议的凶险棱角。这座山峰可以说是无法征服的，常常云雾笼罩，猛烈的暴风雪连日不停。冬天来得很早，夏天不过是一眨眼的工夫，你必须正赶在每年合适的时间出发，可就算这样也不能磨蹭。

1978年7月30日，里克·里奇韦（Rick Ridgeway），世界上少有的成功登顶乔戈里峰并下撤的登山家之一，正在一支庞大队伍的陪同下准备开始登山。他们不得不在比理想季节晚一点的时间启程，并因此遭遇了暴风雪的阻碍。挫折感像一只等待出击的猛禽，时刻在他们头顶盘旋。

他们已经爬了几天，却仍然"只"到达了22 000英尺的高度。此时恰近正午。至少天空放晴，太阳出来了。

"我的意识有些恍惚，被锐利的色彩、稀薄的空气和温暖的阳光弄得昏昏沉沉。"里奇韦在《最后一步》（*The Last Step*）中写道。[12]

这时，在这个白雪与岩石的世界中，他看到了头顶上星星点点、难以名状的色彩，像一片片彩绘玻璃在翩翩起舞。

"一只蝴蝶落在了绳子旁边。那是一只很漂亮的蝴蝶，大约有三英寸宽，橙黑相间，很像我们老家的小红蛱蝶。"

这个景象震撼了他。

"蝴蝶？在22 000英尺高的地方？"

他开始数数，数到30便放弃了。

"……它们像一团云彩，从中国某个不知名的地方起飞，乘着气流上升，来到了山脊之上。"

这怎么可能呢？他想。这只是大脑缺氧的幻觉吧？登山队拍下了照片，以免没人相信他们。

这一经历改变了里奇韦的生活。每当有人问他为何能经受住登山过程中的痛苦和挫折，他就会讲起小红蛱蝶的故事。

但他很好奇："这种旅鼠式的大迁徙，原因会是什么呢？"

40年后，西班牙的进化生物学家杰拉尔德·塔拉韦拉（Gerard Talavera）[13]算是给了他一个回答。塔拉韦拉是定居在巴塞罗那的鳞翅目专家，同时也是一名登山者。当听到里奇韦的经历时，他印象深刻。但他也有一点怀疑，希望得到证据。登山队给他提供了照片。

"这是有报道的所有昆虫自由飞行所达到的最高海拔的纪录。"他对我说："显然，它没法飞得比这高很多了。"

他的意思是，如果这些蝴蝶飞得再高一点，就没有真正的大气层可言了。这些蝴蝶乘着上升气流飞行，而上升气流通常是由于山脚下的空气比高处更暖而形成的。温暖的空气向上升。小红蛱蝶（以及其他很多生物）利用了这种升力，在某种意义上，通过免费搭车的方式越过了这些大山。

小红蛱蝶是一种了不起的蝴蝶。它们生活在全世界几乎所有地方，但在每块大陆上却又略微有所差别。它的翅展只有君主斑蝶的大约一半宽，却能迁飞同样遥远的距离。事实上，有时它的迁飞距离会更远。

它迁飞的模式多少和君主斑蝶类似。当气候开始变化时，如果身在北极圈以北，它就会开始一段长达2500英里的迁飞，并且可能在仅仅一周内完成任务。如果是从欧洲起飞，它会在雨季刚好结束时最终到达撒哈拉以南的非洲，此时，当地有足够多的荫蔽处以供产卵，有足够多的植物以供食用。它比君主斑蝶更加多变,因为它能够利用很多不同的植物种类。

当萨赫勒（Sahel）地区在春季变得干旱时，秋季飞向南方的小红蛱蝶的后代们将会乘着微微北风回到欧洲，恰好赶上享用新发芽的草木。和君主斑蝶不同，南下的一只只小红蛱蝶可不会活得很久，无法再飞回北方了。

在欧洲的春季迁徙期间，云雾般的大群蝴蝶是如此常见，据塔拉韦拉说，“乃至于不熟悉蝴蝶的人们也会注意到这个现象”。秋季的南向迁飞不那么引人注目，很长一段时间里，人们都以为秋季迁飞要么从来没发生过，要么只会偶然发生。但塔拉韦拉等人却发现，秋季迁飞是一种如期而至的行为模式。造成误解的原因在于，这些昆虫在秋天飞得太高，人们通常看不到它们。乘着高高升起的热气流，它们一飞冲天，向南越过整个欧洲，跨过阿尔卑斯山，跨过地中海，跨过撒哈拉沙漠，然后降落在撒哈拉以南的非洲，那里的草和灌木为它们提供了食物以及用来交配和产卵的隐蔽场所。

“走完整个旅程来到非洲的是同一批蝴蝶，”塔拉韦拉讲解道，“但春季返程的就不是这一批蝴蝶了。”

小红蛱蝶与君主斑蝶有一个重要的区别。君主斑蝶在高山上越冬，在这段时间里不会繁衍后代。

蝴蝶迁飞的现象一点也不稀奇。在《迁徙》中，休·丁格尔讲述了自己看到一种名叫爪哇贝粉蝶（*Belenois java*）

的蝴蝶集群迁飞的经历。从布里斯班的一间五楼公寓向窗外望去，他统计出每小时48 000到52 000只蝴蝶从面前经过，持续了两个半小时。它们看起来正乘着风飞行，并且非常急切地想要到达目的地，忽略了一路上很多开满鲜花的庭院。“面对茂盛的花丛，没有一只蝴蝶哪怕流连片刻，”他写道，“虽然一些其他种类的蝴蝶正在那里吸食着花蜜。”[14]

他是怎么给一群川流不息的蝴蝶“计数”的？

他告诉我：“我数的是穿过我们大楼花园的蝴蝶，花园在楼和河之间，大约有30米宽。采用1分钟计数法，30分钟里面我数了10组，得到的平均数是每分钟82.2只蝴蝶，那么总数大约是822×30，30分钟里约有24 660只蝴蝶。接下来的两个小时，我察觉到蝴蝶的密度没有明显变化——那么24 660×2，每小时大约48 000到52 000只蝴蝶，持续2.5小时。”

这个信息很有用，因为我即将了解到其他一些惊人的昆虫种群数量估测工作。借助于近些年的技术进步，自称移动生态学家的杰森·查普曼（Jason Chapman）估算每年有大约3.5万亿只昆虫从英国的天空中飞过。其他人则估算，每次从欧洲迁飞到非洲的蜻蜓有40亿到60亿之多。

它们的数量比我们多太多了。人们注意不到它们，是因为它们通常在天上飞得太高，人眼看不到。这或许是大量降雨年份中，它们数量依旧很高的一大原因。不起眼的外貌很可能是它们的救星。在珍稀蝴蝶不断被采集和交易，有时在黑市上被出售的同时，几乎没人会觊觎小红蛱蝶这个大路货。

13 阵阵狂喜

Paroxysms of Ecstasy

蝴蝶的眼睛是非凡的，因为它们几乎与翅膀的颜色一样丰富多彩。[1]

——阿德里安娜·布里斯科（Adriana Briscoe）

偷捕蝴蝶的行为从未真正绝迹。即使是现在，21世纪，偷捕行为仍然大行其道，在世界各地成为头条新闻。《国家地理》杂志2018年8月刊有一篇关于蝴蝶走私的文章：《珍稀蝴蝶的贸易——无论合法与否——遍布全球》。[2]

文章介绍了一名捕蝶人，他像过去维多利亚时代的人一样，冒着生命危险，爬上险峻的高崖去捕捉蝴蝶，在今天的世界，这些蝴蝶最终将让他赚取成千上万美元。人类对于蝴蝶的热爱之强烈，这门生意的获利之丰厚，使得一些人无视某些物种的国际贸易禁令而继续偷捕。一位生活在拉斯维加斯的科学家曾经神秘兮兮地招呼我来到他家的一间后屋。他打开了一扇用挂锁锁着的门。一个抽屉，又一个抽屉，又一个抽屉，他向我展示着插针展翅的蝴蝶标本，一只比一只漂亮，其中很多是法律禁止持有的。

2007年，自称“全球头号蝴蝶走私犯”[3]的小岛久义（Hisayoshi Kojima）试图向一位美国联邦探员兜售价值25万美元的藏品，他因在全球黑市销售和走私濒危蝴蝶而获刑，进了监狱。但如果他继续采集继续卖，我可一点也不会吃惊。可悲的赫尔曼·斯特雷克的阴影啊。还有罗斯柴尔德一家，沃尔特勋爵和米瑞亚姆女爵。再就是贝茨、华莱士，以及几百年来为蝴蝶诱人的翅面色彩而心醉的所有鳞翅目昆虫学者们。和玛利亚·西比拉·梅里安一样，有些人觉得蝴蝶是无法抗拒的。

这种炽烈的爱是与生俱来的，根植于人类大脑中穿行的复杂信息通路。想想夏日的一天，康斯坦丁·科尔涅夫的小女儿们在南卡罗来纳的田野上游玩的情景吧。或者想想人类以外的动物：雄性褐色园丁鸟——才华横溢的鸟类建筑师，会修建令人惊叹的复杂婚房，来吸引那些被建筑技艺打动的雌鸟——选择用蝴蝶翅膀的碎片来装饰自己的宫殿通道。

复杂动物第一次从地球的海洋中演化出现时，[4]对色彩的反应就植入神经元通路了，这个时间至少可以回溯到5.4亿年前，寒武纪的开端。因此，蝴蝶翅膀的色彩恍如巫术，诱人心神，令人陶醉，勾魂摄魄，驱策着人们沉迷其中不可自拔，并且性感得无可救药。

视觉上的美感，或者任何其他类型的美感，最基础的本质是神经冲动。当然，它也包含其他很多东西，比如一生的学习、经验、理想和文化影响。但它的核心还是在于接收信息的生命体的大脑与大脑之外一些重要的，甚至不可或缺的事物的剧烈碰撞。

说了这么多专业术语，其实它们在现实生活中的运行方式是这样的：

想象自己在一年中每个月都会有一次开车经过同一座苹果园。这个经历再平常不过了，直到9月的一天，你开车路过，看到果园里上百棵树全都披上了红色：苹果熟了。你愣了一下，然后恍然大悟。你被果园忽然换上的红装深深吸引了。这是所有人类共同的反应。全世界的孩子们画过的绿叶衬托下的红苹果，有没有几十亿幅？不论哪里有挂着红苹果的树，都很可能有孩子们在画它们。

接着，你踩下刹车，琢磨着自己没准能尝尝刚摘下来的苹果。红色的形象让你想起自己从前吃过的苹果，回忆着那鲜美、冰凉的汁水，你开始流口水了。这是发自内心的。它与生存关联在一起，密不可分。[5]

事情是这样的：红色劫持了你的灵魂。

能够有这样的体验，我们是幸运的。我们的灵长类远祖就不能。它们只拥有两种色彩光感细胞，或者叫视锥细胞：感受蓝色的和感受绿色的。

但在大约3000万年前，我们的灵长类支系演化出了第三种视锥细胞。这可能显得近乎神迹，但那是由一个相当简单的事件造成的，即基因复制。在我们演化出第三种视锥细胞之后，加上蓝色锥细胞和绿色锥细胞，一个华美、壮丽、光彩夺目的世界就在我们眼前展开了，其中有鲜艳的红色、耀眼的橙色，还有令人喜悦的黄色。

和这些欢快的颜色一起到来的，是一种更加容易发现和摘取成熟果实的能力。研究显示，这种对自己渴望之物——也就是美丽之物——伸出手的需要，[6]是根植于我们灵魂的。研究表明，当我们看到自己认为美的东西时，大脑中负责奖励/快乐的中枢就会活跃起来。而在我们享用美味的果实时，同样的事情也会发生。我们想要抓住这种美，有时就会干脆吃掉那个苹果。

当我们看到丑陋的东西时，大脑中另一个截然不同的中枢则会开启：我们的肌肉要为逃跑做准备了。至少在某种程度上，我们想要跑开。

一个叫作神经美学的新兴学科正在探索我们的大脑对美做出的神经反应。神经美学坚持认为美学的根基在于生存，以进化论作为学科基础：我们是被帮助我们生存的事物所吸引的。在这个观点中，美就是对感官的开发利用。迈克尔·瑞安（Michael Ryan）在《美之味》（*Taste of the Beautiful*）中提出，美利用的是我们早已有之的“隐藏偏好”。

我们通常意识不到这些隐藏偏好。我喜欢的一项研究针对的是一种特定自然景象的普适性：一片长满青草的平原，或许长着一两棵树，有水流，有一面小山坡或山崖，甚至一座大山。研究发现，观察者假想的自己的位置，通常不是在平原上，也不是在水中，而是在山坡上，俯瞰着整个场景。根据这份研究，全世界许多不同国家、不同文化的观众都将这种景观评为自己的最爱。

他们常常把这个场景与“平静”“宁静”等词联系起来，换言之，“安全”。这种美学观有着进化上的根基。很久之前的一个傍晚，与伙伴们在津巴布韦的萨韦河（Save River）泛舟而下时，我听到了一阵粗砺、刺耳，几乎震耳欲聋的尖啸声。太吓人了。几百只狒狒正在我们头顶上一座高高的断崖上攀缘，然后停在各处过夜。从那里向我这边眺望，见到的正是那种举世皆爱的景色。这一次，在隐藏的偏好下做出选择的不是人类，而是狒狒，它们可以因此而安稳地入睡，不用害怕受到狮子、鬣狗或者野犬的袭击。

因此，美并不在观看者的眼睛里。

它在大脑的奖励系统中。

对很多生命体来说，美存在于大脑视觉处理系统的背景中。简言之，它的运行方式是这样的：早上睁开眼睛时，我们会接收光线，“看到”周围的世界。光子进入眼睛，激活主要位于视网膜中心的三种不同的色彩感应单元——“视锥细胞”。我们注意到，天是蓝的，春天的小草正在变成嫩绿色，昨天晚上脱下的红 T 恤在地上堆成了一堆。

这种信息是通过视神经，沿着一条特定的通路传递进大脑的。途经几个中枢后，视觉信号从大脑的前方（眼睛）一路来到了大脑的后部，到达初级视皮质。在这里，信息被分拣并转换格式，进入不同的轨道。关于颜色的信息沿着一条贴着大脑底部的通路行进，关于动作的信息则沿着一条通往大脑顶部的通路奔流。

是不是挺奇怪的?

第一条通路叫作腹侧通路，第二条通路叫作背侧通路。[7] 所以，当你看到一个苹果挂在树枝上随风摇摆时，你的大脑正在以至少两条完全不同的路径处理它。至今没人明白，这两条通路是如何再次整合起来的。等到信息转化成清晰的思维时，你会对自己说：那里有一个在风中摇摆的苹果。

你的大脑处理色彩信息要比处理动作信息快得多得多。处理时间上的差异是个天文数字——大到难以计数的程度。这意味着，一个苹果的颜色——或者推而广之地说，一只蝴蝶的色彩——会快速而猛烈地击中我们，直指内心。

蝴蝶的语言就是色彩的语言。从进化的意义上来说，蝴蝶确实想要拥有让人瞠目结舌的美丽（尽管并不是有意识的）。当然，它们的意图不是让我们人类过目难忘，但由于色彩的语言既原始又通用，我们还是留下了深刻的印象。

这里简单介绍一下：动物世界中有很多各种各样的眼睛。并非所有眼睛都和我们人类的一样，即我们称为照相机式的眼睛。不过所有眼睛确实都有一个共同点：眼睛是一个生存工具，它的演化是专门用来帮助生命体在一个危机四伏的世界中生存，而不是看到世界“真实”的样子的。眼睛的存在是为了帮助我们进食，并且不被吃掉，以及帮我们找到配偶。

最初的“眼睛”，是生命体表面能够对光做出反应的一组组细胞。如果你生活在海洋中（那时候所有生命形式都是如此），它会帮助你分辨上下方向：“上”就是朝着光走。“下”就是背着光走。

眼睛最终变得更加复杂了。它们的进化完全取决于生命体的生活方式。这个生命体生活在哪儿？它的生存都需要什么？捕食它的动物都是谁？它怎么吃东西？眼睛变得如此重要，以至于一个重大事件——5.4 亿年前的寒武纪生命大爆发，无数新物种从全世界的海洋中演化出现——就归功于眼睛进化的新发展：看到的越多便越安全。如果你是一只掠食动物，你需要这一种眼睛。如果你是猎物，则需要另一种。

往后快进几亿年，来看看美妙的蝴蝶之眼。不出意外地，我们的这些日间飞翔的昆虫朋友拥有令人瞠目结舌的复杂双眼——这双眼睛尤其擅长于感知太阳光创造的无数颜色并做出反应。

由于只有三种视锥细胞，或者说“频道”，我们的眼睛受制于信息的瓶颈。我们牺牲了看见众多色彩的能力，才能够以 2.0 的完美视力看清事物。蝴蝶则选择了一条不同的路。我们会认为它们的视觉是模糊的。然而，有些蝴蝶拥有六个、七个、八个，甚至更多的色彩频道，它们眼中的世界充斥着大量颜色。

蝴蝶的眼睛是复眼，不是照相机眼。一个完整的复眼之中有很多“小眼睛”，这些“小眼睛”叫作小眼（ommatidium），在整个复眼结构中排成高度有序的行列。一个粗略的类比是将小眼看作类似报纸上一幅图片的像素。因此，研究者们认为蝴蝶的脑可能并不像我们的一样，将周遭的世界拼合成一张图像，而是将世界看成某种粗糙的、由色块构成的马赛克图像。对于我们来说，探知一个物体的线条和棱角是必要的。我们的大脑中有专门对外界的垂直线条做出反应的细胞，还有专门对水平线条做出反应的细胞。

好了，到这里，事情开始变得特别诡异，并且极为有趣：每只蝴蝶复眼里的每个小眼都有一套工具，用于感知颜色及其他重要信息。所以，一个复眼中的一组小眼可能对特定一种颜色的出现做出反应，而同一个复眼中的另一部分——另一组小眼——则会响应其他的颜色。

在某些种类的蝴蝶中，色彩视觉甚至更加奇幻。就连贪婪的蝴蝶采集者都鲜少关注的普通的菜粉蝶，[8] 也拥有八种不同的感光细胞。它们不都是用来感知颜色的，这里说的颜色并非我们通常所说的颜色。特定波长的蓝色光会诱发这种昆虫的进食反应，而当雌性菜粉蝶探测到一种特定波长的绿色光时，就会做出产卵的反应。

至今没人知道这些不同的感光能力是如何在菜粉蝶的大脑中整合的，甚至不知道它们是否会被整合。这种蝴蝶对于周遭色彩的反应似乎高度模式化，它们可能根本无法选择如何反应。

然而，其他蝴蝶已经被证明拥有相当强的学习能力，并能够改变自己对于颜色的反应。[9]不出所料，君主斑蝶就属于这个群体。鉴于它们在生活中的任务需要相当强的判断力，而不是刻板或机械的单调行为，这是理所当然的。任何有能力在短短几天内旅行数百英里，跨越很多生态系统的生物体，一定能够学习和改变行为。

生物学家道格拉斯 · 布莱基斯顿（Douglas Blackiston）、昆虫学家阿德里安娜 · 布里斯科以及其他几位同行对君主斑蝶做了测试，首先探究了它们看到颜色的能力的细节，然后去测验君主斑蝶是否有与生俱来的颜色偏好，并可以通过学习来改变。他们发现，君主斑蝶是真的，真的，真的喜爱橙色。这不奇怪。它们还喜欢黄色，但喜爱程度只有橙色的一半。蓝色呢，不怎么喜欢。而且——至少令我惊讶的是——它们甚至更不喜欢红色。

接下来，科学家们训练这些君主斑蝶去找不同的颜色，[10]找到就会有吃糖的奖励。奖励的糖与黄色、蓝色和红色这些它们不感兴趣的颜色关联在一起。大多数蝴蝶马上就领悟了。他们甚至让蝴蝶将绿色与糖联系起来。这相当出人意料，因为在现实生活中，绿色表示叶子，而不是花蜜。

第一次听到阿梅莉亚的那只锲而不舍的蝴蝶的故事时，我便突然有了这种想法：君主斑蝶一定是特别有智慧的。

我问布莱基斯顿他是怎么想的。

"人人都以为蜜蜂是昆虫世界的天才，但对我来说，雌性君主斑蝶才是模范。雌性君主班蝶有工作养家的单身母亲的特质。一只生在波士顿的君主斑蝶要全凭自己迁飞到墨西哥，我就算有 GPS 也不觉得从这儿找到墨西哥有多轻松。"

他说，智慧是君主斑蝶的一个主要特征。

"如果你在波士顿，你所吃的植物就是波士顿周围的东西。但当你来到北卡罗来纳，再到墨西哥时，你的食物就会截然不同。你是如何知道该怎么办的？"

然后他自问自答地说道："你要开发一个让自己可以学习的大脑。"

布莱基斯顿和同事们想知道，蝴蝶学习的速度有多快。它们会关注什么样的信号呢？

他们制作了带有食物奖励的人造花朵，每朵花都被涂上了不同的颜色。他们放飞蝴蝶，然后发现，随着学会找到食物在哪儿，蝴蝶很快学会了寻找很多不同的颜色。

"作为一只简单的小昆虫，君主斑蝶拥有非常强大的学习能力。它们实际上是极为有趣和聪明的生物。训练青蛙可比这难多了。”

“它们学习新事物的能力出类拔萃。”布莱基斯顿总结道。“我们思考的重点在于，君主斑蝶的迁飞之路上有很多干扰。”

我想起了阿梅莉亚那只蝴蝶，它在威拉米特河谷中寻找着方向，而河谷在过去的仅仅一个世纪中就经历了巨变。

“了解它们有多健壮，学习能力有多强，这一点至关重要。如果它们不会变通，那就很容易死掉。原来它们相当聪明。事实上，如今墨西哥湾里的船实在太多，它们正在使用一条全新的路线——从一艘船飞到另一艘船，出海远游。”

我核实了一下。确实可以找到大量的照片，显示君主斑蝶在前往墨西哥的群山时利用船舶和油井井架作为歇脚处。不过，将油井井架当作休息站点是不是一件好事，目前还没有定论。

我决定进一步了解北美洲君主斑蝶在秋季向南迁飞期间的行为方式，我跟踪它们的旅行路线，从加拿大边境附近一路来到它们最爱的墨西哥群山。如前所述，每年秋天都会有数以百万计的君主斑蝶飞向南方，它们从 8 月下旬开始起飞，起初是一只接着一只，然后结成小群，再然后聚集成云团般的迁飞虫群，等到飞越美墨边境时，它们就像是飞翔的色彩汇成了一条真正的河流，在太阳的照耀下闪烁着粼粼波光。

或者说，至少以前是这样的。

14 蝴蝶公路

The Butterfly Highway

栽种一座花园，就是种下明天的希望。

——奥黛丽·赫本（Audrey Hepburn）

2018 年 8 月下旬的一天，我坐在威斯康星大学麦迪逊分校树木园的长椅上，这里很适宜蝴蝶生活。天气就像画册里画的那样美好。气温是干爽宜人的 23 摄氏度，晴空万里，视野仿佛无穷无尽。灵长类动物生来就爱这样的天气。

我的四周是大果栎树，和煦的微风穿过它们的蜡质树叶。鸟儿们正在觅食，享用一顿稍晚的午餐。蜜蜂忙着采蜜，蟋蟀的声音标志着白昼的缩短。我心满意足。在我匆匆写下这些想法的同时，蝴蝶和蛾子在下午的阳光中飘忽往来。风蝶享用着一株高大蓟（*Cirsium altissimum*）的紫色花序，它的翅膀上带着一抹明亮的湛蓝结构色。君主斑蝶到处飞舞，用它们的喙吸收营养，储存在腹内，为去往南方的长途旅行做着准备。它们已经开始彼此结伴，相互交流，休养生息，专等着合适的风将它们向南送到墨西哥。

我仿佛置身于20世纪30年代的迪士尼动画片当中，欢快鸣唱的鸟儿和充满喜感的音乐一应俱全：这就是沃尔特·惠特曼笔下“与蝴蝶共度的愉快时光”啊。聆听着高草的沙沙声，享受着暖和却又不至灼人的阳光，我想不出有什么可抱怨的了。这对我来说挺奇怪的。我本想为无忧无虑的自己忧虑一下，却又决定没必要费心了。“让我们沉醉于光吧。”后印象派画家乔治·修拉（Georges Seurat）曾经写道。我完全懂他的意思。我在阳光下大晒特晒，几乎走不动道了。今天真是走运呀。

对麦迪逊（Madison）这座美丽的城市来说，不幸的是，就在一天以前，凯恩县（Kane County）还淹没在一场连挪亚都会难以忘怀的洪水中。降雨量在24小时内高达18英寸，暴风雨侵袭着这片土地。一个可怜的家伙不幸被意外的急流冲走了。

这座城市的基础设施扛不住了。一位在机场排队的女子告诉我，她们一家人被迫从家里撤离，不是因为洪水本身，而是因为麦迪逊的下水系统倒灌，生活污水涌进了她家的地下室。

由于全球气候变化的影响，上涨的湖水水位淹没了麦迪逊所处的地峡。明天还会有另一场暴风雨。幸运的是，我第二天一大早就要坐飞机离开了。还是当一回弃船的老鼠吧。

我来这里，是为了见树木园新任园长凯伦·奥伯豪泽尔（Karen Oberhauser），她是美国君主斑蝶研究界的大姐大，也是影响深远的君主斑蝶课堂教育项目的开创者。奥伯豪泽尔长期主持明尼苏达大学君主斑蝶实验室的工作，目前刚刚离职。作为林肯·布劳尔的高徒，她职业生涯的大部分时间都参与了君主斑蝶的研究，[1]并且是君主斑蝶协作组织（Monarch Joint Venture）的领导成员之一，该组织由科学家组成，致力于提升君主斑蝶数量。由于她的倾力奉献，奥巴马任总统期间曾授予她“改变世界先锋楷模”的荣誉称号。

于是，她作为变革者来到这家近百年历史的机构，也就不足为奇了。麦迪逊分校树木园成立的目的是展示威斯康星州多样化的生态系统，此前并未将工作重心放在君主斑蝶的保护上。但在奥伯豪泽尔领导下，仅仅过了几个月，情况就明显要发生改变了。树木园就这样成为全国第一个加入君主斑蝶协作组织的同类机构。游客中心展示着大量关于君主斑蝶保护的信息，而你只需要走到户外，就可以看到很多君主斑蝶在活动，它们在腹内填满花蜜以备南下。很快，其他为君主斑蝶而努力的专业人士也将加入奥伯豪泽尔的队伍。

来访期间，我们走过1200英亩保育和科研用地的几个部分，观察植物并注意到空前的暴风雨在一些地方造成了很严重的破坏。我们注视着树木园中的一个小池塘边的一条路——更准确地说，是“曾经在池塘边”的一条路——很长一段现在已经消失了。随着雨季的持续，甚至还有更多的路段将会消失。

奥伯豪泽尔很担心降雨对树木园的影响。可是，恰恰是因为暴雨肆虐于中西部和东海岸大部分地区，2018 年的君主斑蝶大迁飞将成为近年来声势最浩大的一场，这一点显而易见。至少在中西部，气候异常对于植物是件好事。植物长势旺盛，意味着有更多花朵可供吸取花蜜，于是昆虫吃得更饱，这又意味着有更多具备繁殖能力的蝴蝶会交配，然后就会有更多的幼虫……

还有一层影响，那就是南飞的君主斑蝶会找到更好的临时栖息地。北美洲有三个主要迁飞种群——西部种群、东部种群和中部种群，其中最重要的是中部迁飞种群。中部迁飞种群的迁飞路线开始于加拿大国境线以北，西起落基山脉东麓，东至几千英里外的阿巴拉契亚山脉，好似一个巨型漏斗，覆盖了整个大陆大约三分之二的面积。

当迁飞开始时，正如我所提到的，君主斑蝶先是三三两两，然后百十为群，最终成千上万地聚集，开始表现出社会属性。在这片大陆的中央，五大湖的北岸，甚至就在奥伯豪泽尔和我边走边聊的同时，这些尚在养精蓄锐的蝴蝶会在 8 月傍晚行将天黑之际，像快闪一族般忽然出现——直到第二天上午 10 点左右才会散去。

在 2018 年的加拿大，一些君主斑蝶集群栖息的事件成了人们热议的话题。有些集体栖息点有好几百只蝴蝶，当消息传开，成百上千人来此一睹奇观。那场面相当热闹。然后虫儿们就消失了，在风况和气温向好的时候飞走了。

等到 9 月 5 日，我去奥伯豪泽尔那里做客仅仅几天之后，至少有一些蝴蝶已经成功地越过了伊利湖。这条消息非常可靠，因为伊利湖的观察者看到了大量君主斑蝶，做了记录并拍了照。这些公民科学家的发现发布在“北方之旅”（Journey North）网站上，[2] 该网站由安能博格基金会资助，创立于 1994 年，先是追踪春型君主斑蝶从墨西哥进入美国的迁飞，此后扩展业务范围，也记录蝴蝶向南迁飞的情况。

网站的运营者是伊丽莎白 · 霍华德（Elizabeth Howard），她想要探究如何利用互联网推进自然保护并提高公民参与度。网站创建后呈指数级成长，现在有了成千上万的参与者，他们用自己的手机拍照记录君主斑蝶的单独个体，也记录成群栖落的君主斑蝶。然后他们将数据发布在“北方之旅”的地图上，附以相关的说明。因此，任何查阅该网站的人都可以追踪君主斑蝶在春季的北向迁飞和秋季的南向迁飞。

2018 年迁飞季的头几个星期里，在我和霍华德通电话的时候，她充满激情，滔滔不绝地讲着。

“这是很多很多年以来，最令人激动的一年。”她告诉我：“在整个繁殖区，人人都在聊自己那儿的蝴蝶数量有多多，繁殖力有多强。一切都表明，这是一个很乐观的迁飞季。今年的数量至少是去年的四倍。”

我问她，今年为什么这么了不起？

“我们见证了有史以来开始最早的一个繁殖季。一开春，君主斑蝶早早就回来了。我们6月就能看到它们了，而在往年，这个数量一般到7月都少见。从那以后，数量就一直在涨。这是我们这一代人目睹的巅峰景象。”

它们向南的远征从来都不是匀速前进的。无论何时，只要有可能，它们就一定要停下来进食。“北方之旅”的一位观察者曾报告说，一只贴着标签的雄蝶在加拿大一个湖泊的北岸逗留了数日。它是在吸食秋季盛开的花的花蜜，以此补充能量。从最初贴上标签到后来被重新捕获，在这一星期的时间里，监测者发现它的体重增长了50%以上。这就体现出蜜源植物在蝴蝶南飞大路上的重要性。

另一只雄性蝴蝶，上午10点被贴上标签，在4个小时之后的下午2点被重新捕获时，体重已经增加了34%。它都吃了什么？显然，它找到了蝴蝶世界中的极品巧克力蛋糕——双倍巧克力加奶油霜，上面或许还有些冰淇淋。

迁飞型君主斑蝶这样狼吞虎咽有一个原因：它们需要能量。御风飞行虽然听上去美好，却需要很多能量。有食物可吃的时候，最好能吃多少就吃多少。还有一个原因：在抵达墨西哥群山中的越冬地后，它们要挤成一团对抗寒冷，同时经历不可避免的禁食；如果能量储备耗尽，它们很可能熬不过这个冬天。在米却肯山脉（Michoacán Mountains）海拔12 000英尺的君主斑蝶生物圈保护区内，这些昆虫几乎找不到任何食物。它们必须至少活到2月，才能踏上返回北方的旅途。

就这样，保护君主斑蝶的倡议者开始了他们的“蝴蝶公路”计划。在中部迁飞种群的路线上，州政府和地方政府，以及园丁、农场主、地产主——他们能够鼓动的任何人——都会被鼓励去种植大量蜜源植物。他们希望其中一些植物是各个种类的马利筋。这是为了给春季北上的雌性君主斑蝶提供产卵的机会。但对于向南的旅程来说，各种各样的本土植物就可以了：紫苞泽兰、不同种类的一枝黄花、醉鱼草和柳叶马利筋、马鞭草、紫菀……这个名单相当长。虽然仅有马利筋可供产卵，但寻找花蜜的君主斑蝶可以利用很多不同的植物。

在她的办公室里，奥伯豪泽尔和我谈到了这一年迁飞的君主斑蝶数量。她的兴奋溢于言表。

“我们今年看见了好多，”她说，“要是秋季迁飞一帆风顺的话，它们就会活得很好。”

但她还是很谨慎。即便这个精彩的夏天带来了一场华丽的南向迁飞，导致大量君主斑蝶出现在墨西哥，但在她眼里，这并不能保证这种符号般的蝴蝶的未来。

她说：“昆虫数量是会上下波动的。幅度很大。”

尽管在迁飞的早期，传闻的证据一片向好，她还是警告说，在君主斑蝶到达墨西哥的冬季目的地之前，没有确切手段可以估测它们的数量。和小灰蝶不同，君主斑蝶没有真正的大本营。因此，估测每年数量的最佳手段，就是估测墨西哥山区越冬栖息地的种群规模。

这些数据是以区域内被蝴蝶占据的树林公顷数来表现的，但这也只是一种估测，因为现在我们知道，集群栖落的君主斑蝶不会在整个越冬季都留在原地。不过，这种按公顷计算的数据已经是科学家所能掌握的最确切的了。

从1994年末到1995年初的那个冬季开始，人们就以这种方式保存记录了。1996年末到1997年初的冬季，有将近21公顷被蝴蝶占据。但第二年就只有5.77公顷，下跌了75%。

这本身不足以引起警惕，因为这个物种的个体数量极不稳定，像一个超级弹力球一样上上下下。对于昆虫来说，年与年之间数量的极大差异是家常便饭，而不是例外情况。但在墨西哥越冬地的蝶占公顷数持续记录近25年以来，尽管数据像拍皮球一样上上下下，却还是存在明显的下行趋势。2013年末到2014年初的冬天，数据来到了一个临界点：被占林地的数量下降到了近乎灾难性的0.67公顷。

当数量如此之少时，可能一场严重的气象事件就会导致几乎整个中部迁飞种群灭绝。类似的事情已经发生过了。2015年的秋季迁飞期间，帕特里夏飓风朝着墨西哥疾进时，蝴蝶恰巧也在往山区飞。两者的轨迹似乎很可能相交。

当帕特里夏的风速达到每小时215英里时，本地居民和游客都开始逃离。保护君主斑蝶的积极分子们如坐针毡。“一只回形针大小的昆虫要怎样在飓风中求生呢？”墨西哥的一份报纸发问道，这也引起了很多君主斑蝶粉丝的担忧。但当帕特里夏在墨西哥西海岸登陆之际，风暴消散了。与此同时，蝴蝶们也改变了迁飞路线。它们似乎能感知即将到来的天气。它们可能躲到了东马德雷山脉中的峡谷和其他避难地。

2002年1月的另一场气象灾害就没这么容易躲了。在每年的这个时间，越冬区域通常都很干燥，但这一次，天上开始下雨了。在海拔较高处——蝴蝶所在的地方——雨变成了雪。接连三个晚上，气温都降到了零摄氏度以下。蝴蝶在墨西哥的山林中挤成一团以便保持温暖，但这样的气温对于变温的昆虫来说就太低了。观察者们开始看到它们从树枝上掉下来，躺在地上，有的翅膀残破，身体冻僵，有的已经死去。科学家们认为，如果不是被雨雪打湿的话，昆虫还可能在低温中活下来。潮湿和严寒打出了一套组合拳。

2018年10月上旬，在我一直盼望一睹的蝴蝶公路上，我和志愿者们在最不同寻常的一站，寻找着君主斑蝶以及其他蝴蝶的踪迹。这里是荒野公园（The Wilds），[3]一个位于俄亥俄州东南部的非营利性场所，自称是野生动物园、自然保护中心，同时也是一所活的实验室。

在荒野公园，你可以来一趟“观赏野生动物之旅”，在这个占地近一万英亩的公园中，游客可以乘坐巴士，在导游的带领下参观各种奇特动物。这里有一些濒危动物，比如细纹斑马、白犀、中亚野驴、弯角剑羚，甚至还有普氏野马。花点额外费用，你就可以来一场幕后探秘，见到动物饲养员。你还可以骑马、坐高空索道、钓鱼、露营过夜、徒步，还可以骑单车。

荒野公园里面有一片很了不起的，经过人工恢复的蝴蝶栖息地。从 2004 年，荒野公园的志愿者和工作人员们便开始定期巡查同一条样线，一遍又一遍。我和他们一边沿着这条样线走，一边在样线两侧 15 英尺之内寻找着蝴蝶。当有人看到蝴蝶时，他们就会喊话，记录员则会把看到的蝴蝶记录下来。

“君主斑蝶。”有人喊道。

“哇，这只真漂亮。”另一个人说。

确实漂亮。它的翅膀是浓郁的橙色，近乎发红。它看上去崭新而鲜嫩，仿佛是一天前刚刚羽化的。这是很有可能的，因为这片区域很多年前种上了沼泽马利筋，而这种蝴蝶在这里一直很繁盛。

这只君主斑蝶在花与花之间飞舞，为南方之旅补充着能量。这里的食物足够它们享用。这里有好几种一枝黄花，遍地都是。开紫花的紫菀和开小白花的紫菀舒舒服服地依偎在高草丛中。还有几朵花期将尽的金光菊。少数马利筋还开着花，爆开的果荚非常多，预兆着来年的好收成。

我们行走在一个蝴蝶的极乐世界里。我们看到了很多很多种蝴蝶，包括菜粉蝶，当然，还有副王蛱蝶、弄蝶、豆粉蝶，以及卡纳豆灰蝶的一个表亲，东部枯灰蝶（*Cupido comyntas*）。

这片物种丰富的大草场中发生着很多事情。我事先被告知要穿结实的鞋子，于是穿着一双结实的鞋子来了，可惜是低帮的。接待我的生态恢复部门负责人丽贝卡·斯韦布（Rebecca Swab）看了一眼，摇了摇头。幸好我的车里放着各式各样的鞋，因为你不知道哪一天会有什么样的冒险嘛，通常会有皮划艇鞋啦、人字拖啦、马靴啦、运动鞋啦……

那一天，我的未雨绸缪有了回报。我拽出来一双沉甸甸的绑带皮靴，深入不毛之地穿的那种。我满以为她会觉得这小题大做了，可她只是点了点头表示认可。不久我就发现自己为何需要这双鞋了。这是一条不足一英里的步行路程，但很长一段都要在淤泥和泛滥的溪流中跋涉。河狸近来发现了这个地方。我们离开了适合休闲游客的“文明”小道，上坡，走进一小片林子，然后下到一片湿地。地面散布着河狸留下的痕迹：木屑、树桩，还有啃了一半的枝杈。拜大自然中才华横溢的工程师所赐，再加上整个夏天的持续降雨，湿地已经远远溢出了原来的边界。

通过一座大部分被泡在水下的原木小便桥，我们跨过了溪流。我们穿过泥泞，艰难跋涉。河狸已经占据了这片独特的蝴蝶栖息地的很大部分，但这不是坏事。蛙声阵阵。到处都长着二蕊紫苏（*Collinsonia canadensis*）。野胡萝卜花开遍地。最终，这个不断演进的生态系统将给鳞翅目昆虫提供更多的滋养。

这个天然“公园”生机勃勃。这里的生命决定自行其是，不被任何虚假、人为的限制所羁绊。人类想让溪流和池塘待在一个固定的地方，那又如何？河狸们另有打算。荒野公园的团队让河狸推动下的自然演替来做主。这一切对蝴蝶来说都棒极了。沿着河狸制造的这片杂乱无章的区域边缘，开花植物长得到处都是。

不过实话实说，这一切本来是不存在的。将近一万英亩的整个园区，此前是一片露天矿场。我对露天开采可太熟悉了。露天采矿如火如荼的日子里，我就在宾夕法尼亚州的西南部长大，那时的矿主可以——也确实——为所欲为。露天采矿——剥去地表，获取下面的宝藏——是法则，而不是例外。

恢复露天开采过的土地是需要耐心的。

因此，荒野公园这片经年累月细心改造出来的蝴蝶栖息地有着特殊的重要意义。要问这一小片半恢复的草场上出现的众多蝴蝶物种说明了什么，那就是人为的破坏是可以改善的。时间是这片毁弃之地唯一的良药，不过人类的努力也能在相当程度上得到回报。现在，这里的常见蝶种有君主斑蝶、菜粉蝶、菲罗豆粉蝶、黄菲粉蝶、弦月漆蛱蝶和特拉华红弄蝶，还可以看到螯灰蝶、美洲蓝凤蝶、珀凤蝶、箭纹贝凤蝶、长尾钩蛱蝶和黄褐斑豹蛱蝶。

要把露天采矿带走的碳元素还给地表，得花很长时间，几千年的时间。没有碳，蝴蝶就会和其他昆虫以及其余的动物一同消失。

没有碳就没有植物。

没有植物就没有动物。

也就没有我们。

这道数学题就这么简单。

与此同时，在蝴蝶公路沿线的其他地方，观察者们继续兴奋地发出报告。君主斑蝶的数量持续向好。堪萨斯州和科罗拉多州的交界处，早在9月中旬就有人看到500只蝴蝶聚集在一棵树上。“我从没见过这么多。”俄克拉何马州克莱尔莫尔（Claremore）的一个人在10月5日的报告中说道。差不多同一时间，在得克萨斯州罗普斯维尔（Ropesville），人们看到蝴蝶在一整周的时间内陆续到来。“美得无与伦比。”附近一个城市的另一位观察者的报告中如是写着。

等到10月中旬，在新墨西哥州与得克萨斯州交界的霍布斯（Hobbs），据报告，几千只君主斑蝶群集在一座公墓。在得克萨斯州的阿比林（Abilene）的一棵树上，人们看到数以百计的蝴蝶，观察者报告说，多年来，它们一直在那儿群集休息。蝴蝶们开始“顺着漏斗往下走”，也就是说，它们在接近墨西哥时聚集成越来越大的群体。等到跨越墨西哥国界时，它们已经变成了一股湍急的洪流。

我不久后前往塔尔萨（Tulsa），当地报纸报道了“几十万只”蝴蝶的过境。“它们卷土重来了！”俄克拉何马州自然保护联盟如此宣布。10 月 6 日，在塔尔萨南边不远的比克斯比（Bixby），一位公民科学家向“北方之旅”报告：“从东到西，由北至南，我用 10 倍双筒望远镜能看到的范围内，到处都是君主斑蝶……它们乘着风，向南方平稳地流动，任何时候，视野中都有 20 到 40 只。”西部和东部路线的沿线，则呈现出另外一番光景。大卫·詹姆斯在华盛顿州报告了加州海岸线从北至南，灾难级的越冬种群数量。“谁也说不准，我们这儿的数量为什么降到了这么低。”他对我说。

成功在加州活过前一个冬天的蝴蝶的后代“状况没那么好”，他继续说道，“我们总是在 5 月末的阵亡将士纪念日南下，到加州和俄勒冈州交界的一个固定地点。我们看到了过去五年间最低的数量。有些事情不太对劲啊。”

而在蟹溪，也就是我们俩前一年在可怕的热浪中见面的那个地方，詹姆斯在整个 2018 年的夏天连一只君主斑蝶都没有发现：“一只也没有。它们干脆就没来。华盛顿州它们是到了，可是只到达了州界一带。整个华盛顿州中部，一个靠谱的目击记录都没有。”

我问他，这是否与整个地区再次燃起的大火有关。

他说：“当时是 6 月，火灾之前。没来就是没来。”

不过落基山脉东边还是有好消息的。我和宾夕法尼亚的蝴蝶观察者盖尔·斯黛菲（Gayle Steffy）聊了聊，她坦言自己是个“爱君主斑蝶如命”的人。13岁时，她在家附近的一片田野中发现了一只君主斑蝶的幼虫，养大并放飞了它。

14岁时，她和哥哥在当地的图书馆中找到了一本关于君主斑蝶的书。书的封底上写着弗雷德·厄克特的名字和地址，以便想参与他的贴标签项目的读者联系。她写了信，收到的回信却说，贴标签项目已经“结束”了。

于是，她创建了自己的标签和贴标签项目。标签上提供了邮寄地址，任何发现标签的人都可以联络她。

最终她还真的收到了一封信——墨西哥寄来的。于是，40年后的现在，她仍然在做这件事。如今，她通过“守望君主斑蝶”继续为君主斑蝶计数和贴标签，还种植马利筋和各种各样的蜜源植物，年年如此。“守望君主斑蝶”是一个很有影响力的非营利性机构，我很快就会进一步了解这家机构了。

斯黛菲最近发表了一篇论文，里面有30年的君主斑蝶数据。“批量处理数据时，我发现较早开始迁飞的蝴蝶更加成功，早迁飞的蝴蝶往往比晚迁飞的蝴蝶更大，并且早迁飞的蝴蝶更多的是雄性而非雌性。”

“这件事情很有趣啊。”我说。

“雌性平均体型要比雄性小，”她回答道，“也许是这个原因吧。”

斯黛菲说，她今年的观察显示，山脉以东的君主斑蝶数量似乎很多，但这些昆虫并没有落脚在新泽西的开普梅（Cape May），这个地方很有名，很多迁飞的君主斑蝶都会在这里停几天享用花朵，再继续踏上向南的旅程。相反，风况非常有利，它们正沿着切萨皮克湾（Chesapeake Bay）的西侧前进。

我问她，为什么今年夏天这个地区的蝴蝶数量这么多？

“因为雨水。”她指出。超大量的雨水不仅对植物和花的生长有好处，而且以往每年夏天都要例行割几遍草的田野，今年割草的次数不那么勤了。

“雨水是祝福也是诅咒。我这儿有一片地淹了水，一切都被冲走了。但我觉得这也是一种恩惠，因为路边和很多地块都完全无法割草了。一切都太湿了。”这当然是我未曾想到的一大因素。

近年来，斯黛菲遭遇了一场悲剧。她监测了几十年的萨斯奎汉纳（Susquehanna）沿路的两个地点——一座发电厂和一个修路点——被喷施的除草剂给摧毁了。

她从自己就职的公司得到了一笔拨款，可以和她的可持续发展团队的其他成员一道，栽种 2000 株吸引传粉者的植物。她还在自己的院子里种满了适宜蝴蝶生活的植物。

“我正在创造自己的栖息地。”她说。

当我在 10 月下旬来到塔尔萨时，这个几十年前因原油市场崩溃而垮掉，正在慢慢复苏的城市，仍然到处都是君主斑蝶。此时接近迁飞季的末尾，但蝴蝶仍然纷至沓来。“共有之家”是一座私人投资的河畔公园，最近才开放。一天下午，我在这里漫步时，至少30只君主斑蝶在蜜源间穿梭着，为前往墨西哥的最后冲刺补充能量。

附近，在世界闻名的吉尔克里斯博物馆的院子里，君主斑蝶和为数不少的其他蝴蝶正在充分享受着还在开花的植物。塔尔萨完成了一项了不起的任务，为蝴蝶提供了采蜜区域。

在城市的边界之外，因为没有那么多人工种植的蝴蝶花园，所以蝴蝶比较少，但它们仍然存在。向北走一个小时，在自然保护协会占地39 650英亩的高草牧场保护地的欧塞奇丘陵（Osage Hills），大部分叶子都已经枯萎了。这片大型保护地有大量野牛和四种牧草，有些地方长着高达九英尺的须芒草，还是大约100种蝴蝶的家园。这里至少有九种纳博科夫所钟爱的精致的小灰蝶——海蓝细灰蝶、褐小灰蝶、东部枯灰蝶、春琉璃灰蝶、夏琉璃灰蝶、银光甜灰蝶、银光甜灰蝶杰克亚种、利氏依灰蝶、得克萨斯灰蝶。在从春季到秋季的整段时间里，它们在这里兴旺地繁衍生息。

虽然在我看来，多数花都已经谢了，但最后一批迁飞的君主斑蝶还是在那里搜寻着食物。研究君主斑蝶的科学家奇普·泰勒（Chip Taylor）告诉我，它们需要在差不多一天内赶到得克萨斯州的边界，否则行将降临的严寒会让它们夭亡。在这段700多英里长的路上，蜜源植物已经快要枯竭了。对掉队的士兵来说，未来并不乐观。

我去那里参加了一场俄克拉何马独有的盛事：保护传粉昆虫部落同盟的一次会议。[4] 同盟成立于 2014 年，现在包括该州 39 个部落中的 7 个：奇克索、塞米诺尔、公民波塔瓦托米、穆斯科基（克里克）、欧塞奇、东肖尼，以及迈阿密氏族。同盟的目标是为这些希望在部落领地上恢复本土植物生境的部落成员们提供经费、培训和支持。

这场为期三天的集会始于一次行走。在预示着凛冬将至的阴沉天空下，81 岁的泰勒和 31 岁的塞内卡-卡尤加氏族成员安德鲁·古尔德（Andrew Gourd），带领着我们一队人穿过了一片几英亩的田野。这片田野位于俄克拉何马州西北角，在一个人称“绿色乡村”的地区内，随着冬天到来，这里已经变成了棕色。但这些棕色的景色依然很有趣。对于泰勒和古尔德来说，这寥寥几英亩的土地蕴藏着一个深不见底的金矿，一座具有划时代意义的迷宫。

我感觉自己像是来到了应许之地。两年来，我探访了那些在严重滥采滥伐后得到大幅改善的蝴蝶栖息地，看过了那些在行将毁灭之际被挽救回来的土地——比如俄亥俄州露天矿场的土地，威拉米特河谷中重焕生机的大牧场，还有纽约州奥尔巴尼附近严重滥伐的荒凉松林——我终于得以见到类似欧洲人殖民之前状态的土地了。

这块地可是如假包换的——用土壤微生物学家尼古拉·洛伦兹（Nicola Lorenz）的话说，是那种需要几千年才能形成的土地。在所有人的印象中，这片土地几十年、几百年来，基本是一成不变的。

“从没翻动过，也没耕种过。”古尔德对泰勒说。

“开车经过俄克拉何马的时候，想想脚下的土地吧，”在徒步开始前，泰勒告诉大家，“想想那时候（有人定居以前）的景象会是什么样，因为现在可不一样了。”

泰勒刚参加工作时，并不是一位君主斑蝶研究者。相反，他起初研究蜜蜂，后来才改变了方向。他开始和林肯·布劳尔一起研究君主斑蝶迁飞的相关问题。如今，作为堪萨斯州一名荣誉退休的大学教授，他创建并领导着名为“守望君主斑蝶”的非营利组织，[5]为落基山脉以东的志愿者提供蝴蝶标签。泰勒的项目开始于1992年，现在它鼓励人们在迁飞沿线栽种花卉丰富的“君主斑蝶驿站”，并且每年为志愿者们（盖尔·斯黛菲便在其中）提供40万个标签。当带标签的蝴蝶在墨西哥被发现时，“守望君主斑蝶”会按每个标签五美元回收，然后核查数据，确认昆虫在北美大陆被贴上标签的具体地点。

他说，多亏了这个项目，关于君主斑蝶行为的丰富数据才能得以展现。“这些数据就是这么重要。它回答了关于成功迁飞的规模的问题，回答了关于来源地的问题，回答了关于死亡率的问题，回答了关于定向的问题，回答了关于保护的问题。就是这样，它可以解答海量的疑问。”

泰勒说，迄今为止，“守望君主斑蝶”已经收集了大约160万条数据。要分析的太多了，时间却这么少。泰勒有一份极其繁忙的演讲日程表。从10月末到年底，他还有五个活动计划，感恩节和圣诞节假期也不能休息。他刚刚从首都回来，那里举行的北美传粉动物保护运动国际大会给他颁发了一份令人惊叹的奖品——一只封存在精美的玻璃罐中的君主斑蝶。

把奖品拿出来给我看的时候，他显得高兴却又疲惫。

后来我问他，为什么还如此辛勤地工作。

"为什么不活到老干到老呢？"他反问道，"咱们到这个星球上是来干什么的？只为了满足自己吗？有的人试图把世界变得更好，从而获得满足感。我是这些人中的一员。只要还有能力，我就要努力。我喜欢我的工作。"

泰勒告诉大家，在这个州的很多地区，当他观察一块土地时，很难找到10到15种植物。相比之下，健康的草原中的植物很可能远超100种。他能找到的植物都根系极浅，没有深深地扎进土壤当中。在俄克拉何马有时长达几年的干旱期中，这是一个问题。

在我们行走的这片塞内卡-卡尤加氏族的领地上，我们在几分钟内就轻易地发现了至少40种植物。其中很多的根系都深深钻入土壤，深达地面以下6英尺、10英尺或者20英尺。这让它们能够抵御干旱，因为它们能够触及蓄水层，那是现在的浅根草无法企及的。

“看看这片田野的多样性，”泰勒继续说道，“没有受到一点破坏。这很可能就是整个俄克拉何马曾经的样子。”

也可以说，这是曾经覆盖着北美洲中部的整个高草大草原的样子。翻耕这样深厚的土壤，需要 30 匹高大健硕的挽马组队工作。从地表上剥下来的草皮厚得足以用来建造“草皮房”，这样的房子冬暖夏凉，因为草皮中的根系具有很好的隔热能力，可以抵挡恶劣天气的影响。现代的草皮薄薄的，根系很浅，可做不到这一点。

泰勒伸出手，从灰白色、毛茸茸的丝兰叶刺芹上摘了一些种子。丝兰叶刺芹有五六英尺高，长着近似剑形的多刺的叶子，还有让我想起蓟类植物的茎刺，传粉者是无法抵挡它的诱惑的。泰勒还指出了四棱茎的薄荷和罗盘草两种植物，“这儿有六到十种植物,除非这片野地已经存在了很久很久，否则你看不到它们。像这样的种子不容易传播。洪水冲不过来，鸟也带不过来……”

“这儿可真是块圣地啊。”古尔德说，“它位于塞内卡-卡尤加的氏族成员们拥有的一块土地上，是真正的原生态。它在山顶上，成功避开了伐木的破坏。它看上去很可能就和我们的祖先 1831 年来到这里的时候一样。”

联邦政府在 1887 年为印第安家庭制定了一个土地分配计划。不论想不想拥有土地，每名部落成员都被分配了一块。古尔德说，我们谈论的这片土地是欧扎克山脉上考斯金大草原（Cowskin Prairie）的一部分，被分配给了白树家族的一位成员。这位部落成员不愿与世人接触，只耕种了自己得到的 80 英亩土地中的 20 英亩。

其余的土地，包括这片大草原的遗迹，就这样被撂下不管了。土壤里面石块很多，并且因为在山坡上，所以需要修筑梯田。森林正在慢慢地侵占过来，需要砍伐。从现代资本主义的角度来看，它是一钱不值的。没人想要它，没人想为它花力气。所有这些让这片土地成为无价之宝，为 21 世纪的人们提供了一个不可替代的范本。

“如果你从那儿沿着一条边界线往东走，”古尔德说，“那边的土地就有人放牧和耕种了，这么多美景就都看不着啦。如果往南走，你会看见玉米地、一个苗圃，还有其他任何能够利用大草原的肥沃土壤的东西。这里没有推行任何一种生态恢复或者维持的计划。它能幸存下来只是运气好而已。”

我问古尔德，他觉不觉得这里在未来仍能幸存。

我们都认为，像这样的土地是国家的宝藏，比黄金白银更重要。

在加利福尼亚，当迁飞季结束时，要为土地说点什么似乎已经太晚了。为蝴蝶而声援也是一样。几万英亩的野火肆虐着整个州，相比之下，前一年的大火如同区区篝火。火灾夺去了群山中人们的家园，从天堂镇（这个名字真是讽刺）的穷人家，到马利布那些有钱有势、光鲜亮丽的富人家，都没有幸免。等到大火结束时，据悉有将近 100 人丧生，约 1000 人失踪。在萨克拉门托北边的比尤特县（Butte County），超过 15 万英亩的土地被焚烧。近 2 万座建筑被摧毁。由于近年来紊乱的气候，火势蔓延得很快。西海岸经历了超长的干旱期，而在落基山脉以东，我们则度过了有史以来最潮湿的一个秋季。

加州的迁飞型蝴蝶身上发生了什么，所有人都在猜测。我们只知道它们没能到达目的地。在感恩节进行了 2018 年度盘点之后，俄勒冈州甜灰蝶学会的报告称，整个西部种群规模减少了 87%。总而言之，他们宣布西部种群的昆虫数量已经“跌破警戒线”了。

在皮斯莫海滩，讲解员两年前给孩子们讲蝴蝶蜜月酒店的故事的地方，金斯顿 · 梁和我初次见面的地方，也是人们记忆中数万只蝴蝶越冬的地方，现在只有 800 只蝴蝶了。在莫罗湾高尔夫球场，只发现了 2587 只蝴蝶。

“数量急剧下降的原因并不清楚。”梁解释道。他怀疑，一个重要因素是华盛顿州和加拿大的夏季大火，再加上秋季迁飞期间灾难级的加州大火。梁所做的一项研究显示，蝴蝶“对烟雾非常敏感”。

“因此，秋季发生的火灾可能影响了它们去往海岸边越冬地点的迁飞。”科学家们仍在研究这个问题。

在得克萨斯州与墨西哥边界，迁飞的航程已经延误。得克萨斯平原上的瓢泼大雨和不利的风况，使得大量的蝴蝶挤在一起，试图保持温暖。

“它们不会挨饿，但首先必须要安顿下来，直到气温回暖。”来自得克萨斯州格伦高地（Glenn Heights）、“北方之旅”的数据贡献者戴尔·克拉克（Dale Clark）在 2018 年 10 月 14 日写道：“我很想看看，这场可怕的寒潮和降雨最终结束时，会发生什么。”

此后，就在感恩节之前，报告开始涌入：“我们平均每分钟看到大约 10 只蝴蝶。”一位墨西哥的监测者从克雷塔罗（Querétaro）发来了信件。它们出现在巴耶-德布拉沃（Valle de Bravo）以及整个山区的其他位置。早在 11 月 7 日，就有人报道了第一批蝴蝶的到达，而等到感恩节的时候，君主斑蝶的数量看起来健康而又强大。

六个月以前，在北方迁飞季开始时，泰勒就预测到了这个结果。

尾声 墨西哥的群山中

Epilogue In the Mountains of Mexico

看看你的身边，看看那些推动地球运转的小小事物。

——爱德华·威尔逊

上午十点，时间正好，一大群君主斑蝶从栖息地如暴雨般倾泻而下，和我迎头相遇。它们仿佛一块色彩闪烁的调色板，如梦似幻，却又是真实的。在一条山溪的上方，由君主斑蝶组成的河流从森林中穿过，向低处流去，进入阳光当中。它们包围在我的四周。我成了它们中的一员。

我又一次被震撼了。

我以为自己已经对世事厌倦了。我年近七旬，到了这个岁数，早已领略了人生百味，在全世界经历过很多冒险。20

多岁时，我在非洲骑着马，与美国海军陆战队在撒哈拉沙漠的沙丘上往来驰骋。30多岁时，我在奥克弗诺基沼泽中划了一星期的船，开始了作为旅行作家的生涯。我骑过大象（不是我最喜欢的活动）和骆驼（绝对不是我最喜欢的活动），在美国很多最佳骑行路线上骑过车，在普罗旺斯到处都是化石的丘陵上行走过，在蒙古国与野马同行过。

作为本书研究的最后一站，当我走进墨西哥的群山当中时，并没有期待什么超凡脱俗的体验。过去的两年间，我见过了很多蝴蝶，包括大量的君主斑蝶。我没想到自己会再一次中了阳光和色彩的魔咒。但我确实中了。

这种体验刻骨铭心。我想知道玛利亚·西比拉·梅里安会有何感受。在山地明亮的阳光下，仿佛我看到第一幅透纳的画作，看到耶鲁大学的头几盒蝴蝶标本时那样，我再一次陷入同样的目眩神迷。我慢慢爬上高海拔的陡峭山坡，来到埃尔罗萨里奥（El Rosario）入口，进入君主斑蝶生物圈保护区，云散去了，森林里充满了活力和阳光。

虫儿们停止下降，来到小路两边的灌丛中休憩，张开翅膀晒太阳。站在温暖的阳光下，我头顶被蝴蝶环绕着，仿佛四周都是彩色玻璃窗，我很容易就明白了为什么当地人每年秋天都会庆祝这些昆虫的到来。

从远在北方的加拿大，一直到南方这些特别的山顶，君主斑蝶的迁飞是一个世界级的奇观，属于这个星球上的每一个人。它可以令全世界的人感到快乐，就像塞伦盖蒂草原上的角马迁徙，或者北美洲西海岸外的灰鲸迁徙一样。

它们都追随着太阳，我们但凡可以也会这么做。

然而，这些迁徙现象正在一个接一个地消失。旅鸽的迁徙，消失了。北美野牛的迁徙已经灰飞烟灭，驯鹿的迁徙也规模骤减。

在凡此种种当中，阿梅莉亚和她的君主斑蝶给予了我们希望。现在，沉醉于阳光和君主斑蝶的色彩，我再次感受到了这种希望，走上了山间的小路。尽管精心修葺，但这条高海拔的步道还是很陡。我生活在海边，还是更喜欢氧气充足的环境。

我时不时地停下来喘口气，看着那熙熙攘攘的下山的昆虫，还有熙熙攘攘的上山的人群。他们让我想起了在西班牙的圣地亚哥朝圣之路上看到的朝圣者们，或者在通往墨西哥城的路上摩肩接踵的朝圣者们，他们是去瓜达卢佩大教堂的。

不出所料，我在这条山间小道上驻足观望时，与我擦肩而过的大多都不是美国游客。他们是墨西哥人。我记得最清楚的一家人是这样的：靠着三四个晚辈帮忙，一位几乎无法走动的老人慢慢地挪到了山顶，在那里，更多的蝴蝶停在更多的树枝上。

他显然承受着严重的疼痛和不适，却仍决心爬到山顶。他一只胳膊搂着一个年轻的男子，另一只胳膊搂着一个年轻的女子，举步维艰，但始终没有放弃。

“为什么？”我问何塞·路易斯·帕尼亚瓜（José Luis Paniagua），他是世界一流的向导，把我从墨西哥城带到了这里。

他解释说，这一定与家庭和祖先有关。他们都是全家来看蝴蝶的，想一起体验这种经历。无论这场远行对他来说有多困难，他都想作为家庭的一员参加，而他们绝不会把他落下。

跨越辈分，跨越空间和时间，蝴蝶将我们凝聚在了一起。它们拥有自然的伟力。一只蝴蝶就是一个完整的宇宙，就在你的掌心里。蹒跚学步时，我们本能地向它们伸出手去。孩提时，我们追逐它们。长大以后，我们研究它们，明白了它们对于我们整个世界有多么重要。随着年龄增长，我们看着它们华美的色彩，在迟暮之年视其为心爱之物。

君主斑蝶将墨西哥群山中搀扶着爷爷的墨西哥家庭与威拉米特河谷的阿梅莉亚及其母亲莫莉联结在了一起；将31岁的塞内卡-卡尤加族人安德鲁·古尔德与81岁的堪萨斯州科学家奥利·“奇普”·泰勒（Orley “Chip” Taylor）联结在了一起，选择将余生投入保护这种昆虫的事业中。

蝴蝶不但凝聚起了全世界的人，而且串联起了各个时代的人，从勇气不可估量的玛利亚·西比拉·梅里安，到思想深不可测的查尔斯·达尔文，再到不断揭示世人最爱的昆虫之秘密的众多当代科学家。可是，仍然有这么多有待了解的问题。

“我们都能让人类登上月球了，然后才发现君主斑蝶去了哪儿。”我的蝶友乔·德韦利（Joe Dwelly）某天在吃午饭时指出。

可悲的是，尽管几百年来有许多人为之努力，蝴蝶的数量还是在下降。事实上，科学家怀疑，我们称之为昆虫的这一生命群体都在遭遇严重的数量减退。固然，有些年份情况很好。我写下这些话的时候，蝴蝶监测者们正在庆祝，云雾般的小红蛱蝶群同时出现在了东西两半球的北境。但蝴蝶的数量有很大的偶然性，并且整体表现出明显的下行趋势。

个中原因，很可能有一千条——或者十万条。一整片长满本土蜜源植物的葱翠田野，已经变成了农业产业主导下的单一种植地块。草坪覆盖了曾经野花遍地的大片土地。杀虫剂的使用极为普遍，以至于如今常常污染我们的饮用水，并且成为我们体内化学物质的一部分。

追逐蝴蝶的两年间，我所看到的无所不在的气候紊乱产生了不可估量的影响。那些高度适应特定条件的蝴蝶，比如纳博科夫钟爱的娇贵的灰蝶，面对我们如今身居其中的过山车般的气候，毫无生存的机会。

但关于蝴蝶为何会消失，还有其他未曾发现的原因。研究显示，以某些路边生长的马利筋为食的君主斑蝶幼虫，就比以其他路边生长的马利筋为食的君主斑蝶幼虫体内含盐量更高，造成这种区别的原因在于当地路政会不会在冬天往道路上撒盐。我们可能正在开启一个进化路线调整的重大时期，以及伴随而来的物种灭绝的时期。

事情本不必这样的。我们已经做了概念性的论证。科学家们一旦揭示了小灰蝶们隐秘的生活方式，就有能力将它们从灭绝的边缘挽救回来。

只要有决心，我们就能完成伟大的事业。但为何要如此大费周章呢?

我们这些老人家还记得一个有着丰富的自然美景的世界，一个一年到头每个月都有新的气味、新的声音、新的景象，人与大自然之间天经地义的密切关系总在催生新的约束和新的期许的世界。

那个世界正在迅速地瓦解。但它还没有消失不见，我们可以把它找回来。当一个五岁的小女孩将一只蝴蝶放飞到空中，当那只蝴蝶在飞往冬季目的地时被其他人看到，在我的心目中，这便是真正的蝴蝶效应：来自很多不同的国家，祖祖辈辈数不清的人们联合起来，共同努力，保护我们所属的大自然中至少一小块快乐的天地。

致谢

Acknowledgments

这份关于几百年来蝴蝶历史的概述得以成书，完全有赖于陌生人的好心帮忙——科学家、公民科学家、历史学家、作家，还有普通的鳞翅目爱好者们。开始这项工作时，我并不确定其他人会对谈论自己的工作有多大兴趣。这种事永远也说不准。

可我却被善意包围了。人们会接受我一整天的当面采访，有时是好几天。科学家们会花几个小时来讲解他们的工作，之后，如果我需要帮助，他们还同意再聊一次。从我40年前开始担任科学记者以来，科学界已经有了很大的变化,那时很多“有名”的研究者不愿意花时间与我和公众交流。

在我为本书做功课时，大家慷慨相助，这一点千真万确。一说到鳞翅目昆虫，从科学家到爱好者，他们交流的热忱表露无遗。在众多热切招待我的人当中，有阿梅莉亚·杰博赛克和她的母亲莫莉，在一个大热天，我们开着车在农场和湿地转，她向我细致入微地讲解了威拉米特河谷的生态。在我跟踪了解他的工作的过程中，大卫·詹姆斯亲切地与我通了很多次电话，并且和我在两个不同的场所会面。金斯顿·梁给我展示了他的很多君主斑蝶种群复壮计划，令我倍感荣幸。同样还要感谢阿德里安娜·布里斯科、乔希·希普蒂格、阿努拉格·阿格拉沃尔、马修·莱纳特、詹妮弗·扎斯佩尔、康斯坦丁·科尔涅夫、彼得·阿德勒、沃伦和劳丽·哈尔西、迈克尔·恩格尔、尼尔·吉福德、赫伯特·迈耶、里卡多·佩雷斯–德拉富恩特、康拉德·拉万代拉、苏珊·巴茨、克里斯·诺里斯、吉姆·巴克利、格温·安特尔、杰西卡·格里菲斯、米娅·门罗、帕特里克·格拉、史蒂夫·里珀特、凯茜·弗莱彻、休·丁格尔、迈卡·弗里德曼、杰拉尔德·塔拉韦拉、尼帕姆·帕特尔、理查德·普兰、拉季斯拉夫·波蒂雷洛、林肯·布劳尔、凯伦·奥伯豪泽尔、伊丽莎白·霍华德、盖尔·斯黛菲、安德鲁·古尔德、奇普·泰勒、乔·德韦利、凯特·亨特、琳达·卡彭、史蒂夫·马尔科姆、杰夫·格拉斯贝格、谢里尔·舒尔茨，以及众多蝴蝶迷们，在我所到之处，他们都乐意谈起心中所爱。

感谢西蒙–舒斯特出版公司的所有人：丽贝卡·斯特罗贝尔、莫莉·格雷戈里、卡琳·马库斯和凯莉·霍夫曼；感谢马思·莫纳汉精美的封面设计；感谢经纪人米歇尔·特斯勒；感谢我的朋友，出类拔萃的文字编辑安妮·戈特利布；

还要感谢萨利·安·麦卡廷，几十年的图书行业经验使她的建议有着不可估量的价值。

特别感谢我的丈夫，格雷格·奥格，他拍的照片对我助益良多。

还有一份深深的感谢，献给丹妮斯·麦克沃伊，她关爱地球上所有生命，她的善举对于很多人都有着重大的意义。

注释和文献来源

Notes and references

1 “Michael S. Engel, *Innumerable Insects: The Story of the Most Diverse and Myriad Animals on Earth* (New York: Sterling, 2018), xiii.

导言

1 Wassily Kandinsky, *Concerning the Spiritual in Art* (Munich, 1911).

PART 1 过去

01 上瘾的灵药

1 Richard Fortey, *Dry Storeroom No. 1: The Secret Life of the Natural History Museum* (New York: Alfred A. Knopf, 2008), 55.

2 关于赫尔曼·斯特雷克的信息非常多，但对他最深入的讨论，请参阅 William R. Leach, *Butterfly People: An American Encounter with the Beauty of the World* (New York: Pantheon, 2013)。

3 Leach, *Butterfly People*, 61.

4 Leach, 61.

5 Leach, 199.

6 Fortey, *Dry Storeroom No. 1*, 43.

7 Jim Endersby, *Imperial Nature: Joseph Hooker and the Practices of Victorian Science* (Chicago: University of Chicago Press, 2008), 54.

8 Walt Whitman, *Specimen Days and Collect* (1883; repr. New York: Dover Publications, 1995), 121; quoted in Leach, *Butterfly People*, xviiin9.

9 Christopher Kemp, *The Lost Species: Great Expeditions in the Collections of Natural History Museums* (Chicago: University of Chicago Press, 2017), xv.

10 David Grimaldi and Michael S. Engel, *Evolution of the Insects* (New York: Cambridge University Press, 2005), 1.

11 Grimaldi and Engel, *Evolution of the Insects*, 1.

12 Grimaldi and Engel, 4.

13 Michael Leapman 所著的 *The Ingenious Mr. Fairchild: The Forgotten Father of the Flower Garden* (New York: St. Martin's Press, 2001) 是一本引人入胜的书，首先出版于伦敦，它探讨的是围绕着花朵有雄性和雌性器官这个令人难以启齿的发现而产生的恐慌和矛盾。

02 跌入兔子洞

1 Destin Sandlin, Deep Dive Series #3: "Butterflies," *Smarter Every Day*, educational video channel, http://www.smartereveryday.com/videos.

2 达尔文写过的书信数不胜数，但这封可是他最有名的信件之一，一部分是因为他提出的这个关于昆虫的疑问，另一部分则是因为它如在枕畔地披露了他私生活的细节。达尔文的几乎所有书信现在都可以在网上找到。在下面的链接，你可以读到这封书信的全文：https://www.darwinproject.ac.uk/letter/DCP-LETT-3411.xml。

3 莱纳特现在是在俄亥俄州坎顿（Canton）斯塔克郡（Stark）的肯特州立大学（Kent State University），他一半时间教书，另一半时间则用来撰写科研论文，题目例如"Proboscis Morphology Suggests Reduced Feeding Abilities of Hybrid Limenitis Butterflies (Lepidoptera: Nymphalidae)"。这篇论文来自 *Biological Journal of the Linnaeus Society* 125, no. 3 (2018): 535–46，可以在这里找到：https://academic.oup.com/biolinnean/article-abstract/125/3/535/5102370。

4 Jennifer Zaspel et al., "Genetic Characterization and Geographic Distribution of the Fruit-Piercing and Skin-Piercing Moth *Calyptra thalictri* Borkhausen (Lepidoptera: Erebidae)," *Journal of Parasitology* 100, no. 5 (2014): 583–91.

5 Harald W. Krenn, "Feeding Mechanisms of Adult Lepidoptera: Structure, Function, and Evolution of the Mouthparts," *Annual Review of Entomology* 55 (2010): 307–27, https://www.ncbi.nlm.nih.gov/pmc/articles/PMC4040413/.

6 阿德勒和科尔涅夫现在都在克莱姆森大学（Clemson University），并且继续在发表关于昆虫的喙的研究成果。

7 康斯坦丁 · 科尔涅夫，个人通信。

8 詹妮弗 · 扎斯佩尔，个人通信。

9 马修 · 莱纳特，个人通信。

03 天下第一蝶

1 Samuel Hubbard Scudder, *Frail Children of the Air: Excursions into the World of Butterflies* (Boston and New York: Houghton, Mifflin, 1897), 268.

2 著名的弗洛里森特化石岩床国家级遗产地的游客中心（https://www.nps.gov/flfo/index.htm）是一大信息来源。

3 赫伯特·W. 迈耶的 *The Fossils of Florissant* (Washington, DC: Smithsonian Books, 2003) 为人们提供了一份关于这个地区 3400 万年前的整个生态系统的出色介绍。

4 在一本关于蝴蝶的书中，西奥多·卢奎尔·米德（Theodore Luqueer Mead）配得上远远更多的关注，可惜我却给不了那么多。他爱蝴蝶，也爱植物。佛罗里达州温特帕克的米德植物园就是以他的名字命名的。有些人将弗洛里森特化石岩床的“发现”归功于他，但这当然是不准确的。有很多人早就知道这里了。他确切的功绩，是将一大批样品寄给了哈佛大学的塞缪尔·斯卡德，后者又让这些发现扬名于世。

5 Kirk Johnson and Ray Troll (illustrator), *Cruisin' the Fossil Freeway: An Epoch Tale of a Scientist and an Artist on the Ultimate 5,000-Mile Paleo Road Trip* (Golden, CO: Fulcrum, 2007), 180.

6 Meyer, *Fossils of Florissant*, 15–17.

7 “A Celebration of Charlotte Hill's 160th Birthday,” *Friends of the Florissant Fossil Beds Newsletter* 2009, no. 1 (April 2009): 1.

8 赫伯特·迈耶，个人通信。为了弥补科学记录中对希尔的遗漏，迈耶付出了多年的努力，他相信她没有为自己的工作得到名分，因为她是个女人，并且是在没有正式凭证的情况下开展的工作。他写下了大量关于她的文字，包括在埃斯特拉·B. 利奥波德与赫伯特·迈耶合著的 *Saved in Time: The Fight to Establish Florissant Fossil Beds National Monument, Colorado* (Albuquerque: University of New Mexico Press, 2012) 当中。

9 William A. Weber, *The American Cockerell: A Naturalist's Life, 1866–1948* (Boulder: University Press of Colorado, 2000), 62.

10 Samuel H. Scudder, “Art. XXIV.—An Account of Some Insects of Unusual Interest from the Tertiary Rocks of Colorado and Wyoming,” in *Bulletin of the United States Geological and Geographical Survey of the Territories*, ed. F. V. Hayden, vol. 4, no. 2 (Washington, DC: Government Printing Office, 1878): 519.

11 Liz Brosius, “In Pursuit of *Prodryas persephone*: Frank Carpenter and Fossil Insects,” *Psyche: A Journal of Entomology* 101, nos. 1–2 (January 1994): 120.

12 赫伯特·迈耶，个人交谈。

13 David Grimaldi and Michael S. Engel, *Evolution of the Insects* (New York: Cambridge University Press, 2005), 87.

14 可是这个地点差一点就消失了：埃斯特拉·利奥波德和赫伯特·迈耶的小书 *Saved in Time* 是一份深入的讨论，讲述这处无价之宝尽管对房地产投机商有着明显的价值，却又是如何为了科学和公益而被放过的。我很爱看那些讲述一块块土地的历史细节的书。对我们来说，了解我们有时视为理所当然的公共用地何时出现，是很重要的。

15 Leopold and Meyer, xxiv, 45.

16 Leopold and Meyer, 76.

17 Leopold and Meyer, xxvi.

18 关于这片了不起的化石产地，我最喜欢的一本通论是 Lance Grande 所著的 *The Lost World of Fossil Lake: Snapshots from Deep Time* (Chicago: University of Chicago Press, 2013)。

04 闪光和炫彩

1 G. 伊芙琳·哈钦森，引述娜奥米·E. 皮尔斯（Naomi E. Pierce），“剥开洋葱的皮：蚂蚁与灰蝶的共生”，出自 *Model Systems in Behavioral Ecology: Integrating Conceptual, Theoretical, and Empirical Approaches*, ed. Lee Alan Dugatkin (Prince- ton, NJ: Princeton University Press, 2001), 42。

2 近年来，这位长期以来默默无闻的天才、母亲和主妇，在英语世界里变得有名多了，但由于她的作品没有被翻译成英文，对我们而言她仍然显得有些神秘。这在 20 世纪 90 年代开始有所改观，当时历史学家娜塔莉·泽蒙·戴维斯在 *Women on the Margins: Three Seventeenth-Century Lives* (Cambridge, MA: Harvard University Press, 1995) 中写到了梅里安。此后，生物学家凯·艾瑟里奇首倡梅里安是生态学奠基人的观点，见于诸多文章，例如“Maria Sibylla Merian: The First Ecologist?”，收录于 *Women and Science: 17th Century to Present: Pioneers*, ed. Donna Spalding Andréolle and Véronique Molinari, 35–54 (Newcastle upon Tyne, UK: Cambridge Scholars, 2011), http://public.gettysburg.edu/~ketherid/merian%201st%20ecologist.pdf；以及“Maria Sibylla Merian and the Metamorphosis of Natural History”，Endeavour 35, no. 1 (March 2011): 16–22, https://www.sciencedirect.com/science/article/pii/S0160932710000700。2014 年 5 月，关于梅里安的第一届研讨会召开，艾瑟里奇成了主席团成员。她近来正在将梅里安的一些作品翻译成英文。

3 迈克尔·恩格尔，个人通信。

4 关于人们将幼虫与蝴蝶间通过蛹建立起连接有多困难，如果想看文笔迷人、内容翔实的讨论，请读马修·科布的 *Generation: The Seventeenth-Century Scientists Who Unraveled the Secrets of Sex, Life, and Growth* (New York: Bloomsbury, 2006); quote, 134。

5 Cobb, *Generation*, 222.

6 眼下最好的关于梅里安的英文文集可以在梅里安的 *Metamorphosis Insectorum Surinamensium* 可圈可点的重制版里找到，此事由一家荷兰资方，Lannoo Publishers 于 2016 年玉成。这个现代版本可以在你本地的书店或网上订购。它完全用的是梅里安原版书的开本，里面出色地复原了她的画作。它里面还有她关于每一幅画作的原始短说明，既有荷兰文，也有英文译本。在整个重制本的开头，是包括凯·艾瑟里奇在内的研究梅里安的顶尖学者们写的短文。在重制版的后面，有一个仍然佚失的原稿的清单（留下的不多，大多都被拆解开来，分开售卖了），以及哪里可能找到它们。

7 Gauvin Alexander Bailey, "Books Essay: Naturalist and Artist Maria Sibylla Merian Was a Woman in a Man's World," *The Art Newspaper*, April 1, 2018, https://www.theartnewspaper.com/review/bugs-and-flowers-art-and-science.

8 David Attenborough et al., *Amazing Rare Things: The Art of Natural History in the Age of Discovery* (2007; repr. New Haven, CT: Yale University Press, 2015).

9 Zemon-Davis, *Women on the Margins*, 141.

10 昆虫学家迈克尔·S. 恩格尔文笔流畅、极为通俗易懂的 *Innumerable Insects: The Story of the Most Diverse and Myriad Animals on Earth* (New York: Sterling, 2018) 中，对梅里安在昆虫学领域奠定的基础致以了很高的敬意。这一段引述可以在第 96 页找到，同时还有她的画作的一个示例。

11 Etheridge, "Maria Sibylla Merian: The First Ecologist?"

12 这个故事同样可以在普鲁姆的作品 *The Evolution of Beauty: How Darwin's Forgotten Theory of Mate Choice Shapes the Animal World and Us* (New York: Doubleday, 2017) 中找到。

13 这个理论由知名昆虫学家托马斯·艾斯纳（Thomas Eisner）于 2007 年，在一篇短文中提出，该文成于他去世前不久："Scales: On the Wings of Butterflies and Moths," *Virginia Quarterly Review* 82, no 2 (Spring 2006)。文章可以在这里获取：https://www.vqronline.org/vqr-portfolio/scales-wings-butterflies-and-moths。

14 尼帕姆·帕特尔，个人通信。

15 这个聪明的类比是耶鲁大学的理查德·普鲁姆告诉我的。

16 Alan H. Schoen, "Infinite Periodic Minimal Surfaces without Self-Intersections," NASA Technical Note D-5541 (Washington, DC: NASA, 1970).

17 Zongsong Gan et al., "Biomimetic Gyroid Nanostructures Exceeding Their Natural Origins," *Science Advances* 2, no. 5 (2016): e1600084, https://advances.sciencemag.org/content/2/5/e1600084.full.

18 Jim Shelton, "Butterflies Are Free to Change Colors in New Yale Research," *Yale News*, August 5, 2014, https://news.yale.edu/2014/08/05/butterflies-are-free-change-colors-new-yale-research.

05 蝴蝶如何拯救了达尔文的饭碗

1 这些语句来自 *The Voyage of the Beagle* [*Journal of Researches*, 1839]，有很多版本存世。这本冒险日志，作为达尔文第一部大受欢迎的成功作品，着眼于大众读者，通俗易懂。在我的心目中，它可以和同时代问世的任何一部冒险小说相提并论，比如 Johann David Wyss 的 *Swiss Family Robinson*，或者 Robert Louis Stevenson 的 *Treasure Island*。

2 亨利·沃尔特·贝茨也写过他自己的冒险日志，*The Naturalist on the River Amazons*（就是带 s 的，没错），出版于 1905 年。可是，很遗憾地说，尽管在科学界有着重要的地位，却没人写过他的正式传记。英国作家 Anthony Crawforth 写过 *The Butterfly Hunter: The Life of Henry Walter Bates* (Buckingham,

UK: University of Buckingham Press, 2009)，但这本迷人的小书讲述 Crawforth 在南美洲探险的篇幅和讲贝茨的一样多。Sean B. Carroll 的 *Remarkable Creatures: Epic Adventures in the Search for the Origin of Species* (Boston: Houghton Mifflin Harcourt, 2009) 将贝茨的工作带到了大众的视野之下，并且在大多数的达尔文传记中，贝茨当然也得到了细致入微的讨论。但他真的值得拥有自己的传记。

3 T. V. Wollaston, "[Review of] *On the Origin of Species* [. . .]," *Annals and Magazine of Natural History* 5 (1860): 132–43, http://darwin-online.org.uk/content/frameset?itemID=A18&viewtype=text&pageseq=1.

4 很多（如果不是大多数的话）达尔文传记都会探讨他对于发表自身观点的顾虑。研究达尔文的学者兼传记作家 Janet Browne 的第二本书，*Charles Darwin: The Power of Place* (New York: Alfred A. Knopf, 2002)，是尤其聚焦于此的一份优秀的史料来源。我同样喜欢 Adrian Desmond 和 James Moore 的 *Darwin: The Life of a Tormented Evolutionist* (reprint ed., New York: Norton, 1994)。

5 Bates to Darwin, March 28, 1861, Darwin Correspondence Project, https://www.darwinproject.ac.uk/letter/DCP-LETT-3104.xml.

6 Charles Darwin, "[Review of] 'Contributions to an Insect Fauna of the Amazon Valley,' by Henry Walter Bates [. . .]," *Natural History Review* 3 (April 1863): 219–24.

7 很多人写过这项关键突破的相关内容。要看透彻而又易懂的讨论，请读 Sean Carroll 的 *Remarkable Creatures* 第 4 章，"Life Imitates Life"。

8 Bates to Darwin, March 28, 1861.

9 *Transactions of the Linnean Society* 23 (November 1862): 495, https://archive.org/details/contributionstoi00bate/page/502.

10 Darwin, review of Bates, "Contributions."

11 Browne, *Charles Darwin: The Power of Place*, 226.

12 弗里茨·缪勒是达尔文时代的另一位值得拥有一本好的英文传记的研究者。想看关于缪勒个人及其工作之重要意义的简要描述，请读 Peter Forbes 的 *Dazzled and Deceived: Mimicry and Camouflage* (New Haven, CT: Yale University Press, 2009)。

13 Forbes, *Dazzled and Deceived*, 41.

14 自称"北美洲历时最长的鸟类野外研究之一"的美洲燕项目，从 20 世纪 80 年代起就在进行。布朗夫妇现在带领着一队研究者，他们的发现为我们提供了关于演化的进行方式，同时也有关于这些迷人的鸟儿的生活方式的更加深入的信息。查尔斯·达尔文一定会喜欢这两位研究者。关于他们的工作，你可以在这里找到更多：http://www.cliffswallow.org/。

15 围绕着这个故事的文章和书籍层出不穷，它还是当一个简单的科学故事被政治化时，围绕其产生的荒唐之事的一个突出案例。曾几何时，这个故事是广为接受的。但是后来，进化论的反对者们开始声称，证明这种蛾子发生了进化的科学研究是伪造的。为正视听，英国研究者 Michael Majerus 于 2001 年开始了一项长期研究，以检验这则进化故事的真实性。论文还没发表，Majerus 就在 2001 年去世了。他的同事们则将研究项目进行到底。它给出了总结性的"证据……表明伪装和鸟类的捕食"是这些蛾子颜色变化的自然选择机制。它可以在网上找到，如下：https://royalsocietypublishing.org/doi/full/10.1098/rsbl.2011.1136。

16 Rae Ellen Bichell, "Butterfly Shifts from Shabby to Chic with a Tweak of the Scales," NPR, August 7, 2014, https://www.npr.org/2014/08/07/338146490/butterfly-shifts-from-shabby-to-chic-with-a-tweak-of-the-scales.

17 Bates to his brother, quoted in Crawforth, *Butterfly Hunter*, 93.

PART 2 现在

06 阿梅莉亚的蝴蝶

1 Robert Frost, "Blue-Butterfly Day," from *New Hampshire* (New York: Henry Holt, 1923).

2 Edward O. Wilson, *Half-Earth: Our Planet's Fight for Life* (New York: Liveright / Norton, 2016), 111.

3 Fred A. Urquhart, "Found at Last: The Monarch's Winter Home," *National Geographic* 150 (August 1976): 160–73, http://www.ncrcd.org/files/4514/1150/3938/Monarch_Butterflies_Found_at_Last_the_Monarchs_Winter_Home_-_article.pdf.

4 阿梅莉亚的蝴蝶的旅程在网上有翔实的记述。这里只给出其中的少数几个故事：https://ucanr.edu/blogs/blogcore/postdetail.cfm?postnum=27559；https://news.wsu.edu/2018/06/25/monarch-butterfly-migration/。

07 君主斑蝶的太阳伞

1 Robert Michael Pyle, quoted in Sandra Blakeslee, "Butterfly Seen in New Light by Scientists," *New York Times*, November 28, 1986, A27.

2 生态学家 Andy Davis 已经透露了初步的信息，表明这些蝴蝶可能对极端噪声做出一段时间的应激反应。在连续几天面临紧张状况的幼虫身上，Davies 发现了心率升高现象，此外，他的实验室成员有些还挨了咬。https://www.upi.com/Science_News/2018/05/10/Highway-noise-alters-monarch-butterflys-stress-response-could-affect-migration/5861525973774/.

3 金斯顿 · 梁在保育君主斑蝶的实践层面发表过颇多研究论文。这里可以找到其中几篇：https://works.bepress.com/kleong/。还有这里：http://www.tws-west.org/westernwildlife/vol3/Leong_WW_2016.pdf。

08 蜜月酒店

1 From Carlos Beutelspacher, *Las Mariposas entre los Antiguous Mexicanos* [Butterflies of Ancient Mexico], quoted in Karen S. Oberhauser, "Model Programs for Citizen Science,

Education, and Conservation: An Overview," in *Monarchs in a Changing World: Biology and Conservation of an Iconic Butterfly*, ed. Karen S. Oberhauser, Kelly R. Nail, and Sonia Altizer (Ithaca, NY: Comstock / Cornell University Press, 2015), 2.

2 Miriam Rothschild, quoted in Sharman Apt Russell, *An Obsession with Butterflies: Our Long Love Affair with a Singular Insect* (New York: Basic Books, 2003), 29.

3 Anurag Agrawal, *Monarchs and Milkweed: A Migrating Butterfly, A Poisonous Plant, and Their Remarkable Story of Coevolution* (Princeton, NJ: Princeton University Press, 2017), 4.

4 Lincoln Brower, transcript of interview by Christopher Kohler, March 14, 1994, Oral History, University of Florida Digital Collections, 11, http://ufdc.ufl.edu/UF00006168/00001.

5 Darwin, *The Life and Letters of Charles Darwin, Including an Autobiographical Chapter*, ed. Francis Darwin, vol. 1 (1887; New York: D. Appleton, 1897; facsimile ed., High Ridge, MO: Elibron Classics / Adamant Media, 2005), 43.

6 Nabokov, quoted in Robert H. Boyle, "An Absence of Wood Nymphs," *Sports Illustrated*, September 14, 1959, https://www.si.com/vault/1959/09/14/606166/an-absence-of-wood-nymphs.

7 想得到面向非专业人士的，关于在马利筋上生存有多艰难的信息，请读阿格拉沃尔的 *Monarchs and Milkweed*。

8 迈克尔 · 恩格尔，个人通信。

9 迈克尔 · 恩格尔，个人通信。

10 Miriam Rothschild, "Hell's Angels," *Antenna: Bulletin of the Royal Entomological So- ciety* 2, no. 2 (April 1978): 38–39.

11 罗斯柴尔德女爵的魅力绝对无法抵挡。要是她现在还活着（她去世于2005 年），我一定飞遍天涯海角，只求见上她一面。令大家庆幸的是，她留下了很多精彩的视频采访。有一系列为 BBC 电视频道所接受的采访，题目为"世界七大奇迹"，在网上可以找到，如下：
第一部分 https://www.youtube.com/watch?v=K2VaTmrsFLg；
第二部分 https://www.youtube.com/watch?v=fec8DCl0hgo；
第三部分 https://www.youtube.com/watch?v=hRYcQmY5aTs。

12 Lincoln Pierson Brower, "Ecological Chemistry," *Scientific American* 220, no. 2 (February 1969), https://www.scientificamerican.com/magazine/sa/1969/02-01/.

13 在布劳尔博士去世前仅仅几个月，我和他在电话上长谈良久。当时我不知道他病了，尽管他有几个同事曾经催我赶快联系他。我们深入地讨论了他的工作，而他也向我推荐了其他很多我务必要联系的人。在一生的这个节骨眼上将时间花在我身上，对我而言不啻一份厚礼了。说到我有幸接触到的大多数科学家，我始终被他们的孜孜不倦和细致入微所震撼。对于这些人来说，科学不仅仅是一份"工作"或者一个"职位"，那是他们存在的理由。《纽约时报》所刊登的他的讣告可以在这里找到：https://www.nytimes.com/2018/07/24/obituaries/lincoln-brower-champion-of-the-monarchbutterfly-dies-at-86.html。

09 疤地

1 Miriam Rothschild and Clive Farrell, *The Butterfly Gardener* (1983; reprint ed., New York: Penguin, 1985).

2 Ellen Morris Bishop, *Living with Thunder: Exploring the Geologic Past, Present, and Future of the Pacific Northwest* (Corvallis: Oregon State University Press,2014).

3 根据南迁至加利福尼亚的时令，大卫·詹姆斯通常会用 8 月的一两个周末，在蟹溪举办贴标签项目的公共会议。想知道他何时举办这样的标签大会，有一个办法是查看华盛顿州蝴蝶协会的网站，这是一个格外活跃的非营利性组织，致力于招纳公众以及专业人士成为其成员。你可以在这里找到他们的网站：https://wabutterflyassoc.org/home-page/。

10 在瑞恩当斯大牧场上

1 Wapato, http://www.confluenceproject.org/blog/important-foods-wapato/;camas,http://www.confluenceproject.org/blog/profound-role-of-camas-in-the-northwest-landscape/.

2 复兴这种精巧的蝴蝶的故事很了不起。它的种群恢复计划出现在了 2006 年 10 月 31 日星期二的联邦纪事上，并且可以在这里看到：https://www.fws.gov/policy/library/2006/06-8809.pdf。

3 万分感谢这位终生的蝴蝶迷，感谢他在电话上长时间的热情交谈，其间他讲述了为恢复这种一度被认为已经灭绝的蝴蝶所做工作的具体细节。

4 大卫·詹姆斯，个人通信。

5 Cheryl B. Schultz, “Restoring Resources for an Endangered Butterfly,” *Journal of Applied Ecology* (2001): 1007–19, https://www.nceas.ucsb.edu/~schultz/MS_pdfs/JAE%20Oct2001.pdf.

6 恢复英国的嘎霾灰蝶种群的故事是我探究过的最迷人的物种恢复故事之一。科学家和自然保护工作者们的长期奉献——还有他们面对一道道坎坷时的永不言弃——是给那些渴望为这个星球上正在消失的物种们做些什么的人们树立的榜样。2018 年 9 月 19 日，《卫报》刊登了一篇故事，声言昆虫们刚刚度过了“英国有记录以来最好的夏天”。要读故事，请看这里：https://www.theguardian.com/environment/2018/sep/19/uk-large-blue-butterfly-best-summer-record。

7 要对人类为解锁这种蝴蝶的秘密所付出的巨大努力了解一二，请看这个小册子：https://ntlargeblue.files.wordpress.com/2010/06/large-blue-ceh-leaflet0031.pdf。

8 Matthew Oates, *In Pursuit of Butterflies: A Fifty-Year Affair* (New York: Bloomsbury, 2015), 426.

9 J. A. Thomas et al., “Successful Conservation of a Threatened *Maculinea* Butterfly,” *Science* 325, no. 5936 (July 2009): 80–83, https://science.sciencemag.org/content/325/5936/80.

10 Oates, *In Pursuit of Butterflies*, 352.

11 神秘奇迹般的感受

1 Vladimir Nabokov, *Speak, Memory* (rev. & expanded ed., 1967; Everyman's Library ed., New York: Alfred A. Knopf, 1999), 106.

2 Nabokov, *Speak, Memory*, 120.

3 "a certain spot in the forest": Nabokov, 75.

4 Nabokov, 35.

5 语出纳博科夫的优美诗篇 "On Discovering a Butterfly", https://genius.com/Vladimir-nabokov-a-discovery-annotated。

6 关于这个非凡的自然保护项目的历史，最好的资料可以在 Jeffrey K. Barnes, *Natural History of the Albany Pine Bush, Albany and Schenectady Counties, New York: Field Guide and Trail Map* (Albany: The New York State Education Department, 2003) 中找到。

7 Robert and Johanna Titus, *The Hudson Valley in the Ice Age: A Geological History and Tour* (Delmar, NY: Black Dome Press, 2012).

8 Carl Zimmer, "Nonfiction: Nabokov Theory on Butterfly Evolution Is Vindicated," January 25, 2011, https://www.nytimes.com/2011/02/01/science/01butterfly.html.

PART 3 未来

12 社会性的蝴蝶

1 个人通信。

2 William Leach, Butterfly People: An American Encounter with the Beauty of the World (New York: Pantheon, 2013), 167。利奇的描写有赖于由 B. D. Walsh 和 C. V. Riley 所采集的，对蝶群的第一手记录，见于 "A Swarm of Butterflies，" *The American Entomologist* 1, no. 1 (September 1868): 28–29。

3 这些目击记录由林肯 · 布劳尔所引述，见于 "Understanding and Misunderstanding the Migration of the Monarch Butterfly (Nymphalidae) in North America，" *Journal of the Lepidopterists' Society* 49, no. 4 (1995): 304–85。

4 厄克特的精彩故事曾经被无数次提起，第一次是在 "Found at Last: The Monarch's Winter Home，" *National Geographic* 150 (August 1976): 160–73, http://www.ncrcd.org/files/4514/1150/3938/Monarch_Butterflies_Found_at_ Last_the_Monarchs_Winter_Home_-_article.pdf。1998 年，厄克特和他的妻子诺拉因其工作而获得了加拿大总督功勋奖，这项工作被称为 "当代最伟大的博物学发现之一" 。

5 Urquhart, "Found at Last."

6 有一份面向一般公众的，对于近期的科研工作的总结，Russell G. Foster and Leon Kreitzman, *Circadian Rhythms: A Very Short Introduction* (New York: Oxford University Press, 2017)。

7 S. M. Reppert, "The Ancestral Circadian Clock of Monarch Butterflies: Role in Time-Compensated Sun Compass Orientation," *Cold Spring Harbor Sympo- sia on Quantitative Biology* 72 (2007): 113–18, http://symposium.cshlp.org/content/72/113.full.pdf.

8 帕特里克·格拉同样富有耐心。他花了很多个小时，帮助我以一种（但愿）既能照顾普通读者，又没有科学硬伤的方式解读了这项复杂的研究。

9 格拉现在的个人身份是一名研究生，在神经科学家史蒂文·M. 里珀特的实验室工作。里珀特实验室的网站上可以找到相当多的研究论文，比如这篇——"Neurobiology of Monarch Butterfly Migration，" http://reppertlab.org/media/files/publications/are2015.pdf。网站首页的新闻 / 外联索引下，有好几段相当详细地讲解这项研究的报告视频。

10 "Wing Morphology in Migratory North American Monarchs: Characterizing Sources of Variation and Understanding Changes through Time," *Animal Migration* 5, no. 1 (October 2018): 61–73, https://www.degruyter.com/view/j/ami.2018.5.issue-1/ami-2018-0003/ami-2018-0003.xml.

11 https://journals.plos.org/plosone/article?id=10.1371/journal.pone.0001736.

12 Rick Ridgeway, *The Last Step: The American Ascent of K2* (Seattle, WA: Mountaineers Books, 2014), 161.

13 eTalavera 是一个维护得格外出色的网站，有大量关于他的研究的文章，还有很多有用的视频。你可以在这里看到：http://www.gerardtalavera.com/research.html。

14 Hugh Dingle, *Migration: The Biology of Life on the Move* (New York: Oxford University Press, 2014),14.

13 阵阵狂喜

1 Adriana D. Briscoe, "Reconstructing the Ancestral Butterfly Eye: Focus on the Opsins," *Journal of Experimental Biology* 211, part 11 (June 2008): 1805–13, https://www.ncbi.nlm.nih.gov/pubmed/18490396.

2 Matthew Teague, "Inside the Murky World of Butterfly Catchers," *National Geographic*, August 2018, https://www.nationalgeographic.com/magazine/2018/08/butterfly-catchers-collectors-indonesia-market-blumei/.

3 Field Notes Entry, "Smuggler of Endangered Butterflies Gets 21 Months in Federal Prison," U.S. Fish and Wildlife Service Field Notes, April 16, 2007, https://www.fws.gov/FieldNotes/regmap.cfm?arskey=21159&callingKey=region& callingValue=8.

4 关于眼睛的演化这个课题有很多教科书。我用的是 Thomas W. Cronin et al., *Visual Ecology* (Princeton, NJ: Princeton University Press, 2014), https:// academic.oup.com/icb/article/55/2/343/750252。Michael F. Land's 参与编著的 *Eyes to See: The Astonishing Variety of Vision in Nature* (New York: Oxford University Press, 2018) 对于普通读者更好读一点点。

5 关于大脑是如何处理颜色的，如果想看绝对优秀的探讨，诺贝尔奖得主 Eric R. Kandel 的 *Reductionism in Art and Brain Science: Bridging the Two Cultures* (New York: Columbia University Press, 2016) 是必读书目。这本短小且易懂的书充满了视觉信息，帮助作者表达了自己对于艺术本身与我们受到吸引的原因和运行方式之间的联系的理解。

6 很多近来的书都探讨了美感与生存之间的关联。我所读的书包括 Richard O. Prum 的 *The Evolution of Beauty: How Darwin's Forgotten Theory of Mate Choice Shapes the Animal World—and Us* (New York: Doubleday, 2017)。我同样觉得 Michael Ryan 的 *A Taste for the Beautiful: The Evolution of Attraction* (Princeton: Princeton University Press, 2018) 对我很有帮助。

7 Kandel, *Reductionism*.

8 Kentaro Arikawa, "The Eyes and Vision of Butterflies," *Journal of Physiology* 595, no. 16 (August 2017): 5457–64, https://www.ncbi.nlm.nih.gov/pmc/articles/PMC5556174/.

9 "Color Vision and Learning in the Monarch Butterfly, *Danaus plexippus* (Nymphalidae)," *Journal of Experimental Biology* 214 (2014): 509–20, http://jeb.biologists.org/content/214/3/509.

10 接下来，这些科学家对他们的君主斑蝶进行了训练：由阿德里安娜·D. 布里斯科领导的布里斯科实验室倾注了大量时间，好去理解蝴蝶——尤其是君主斑蝶——是如何运用它们复杂的视觉能力的。想看更多信息，你可以去布里斯科实验室的网站：http://visiongene.bio.uci.edu/Adriana_Briscoe/Briscoe_Lab.html。

14 蝴蝶公路

1 https://monarchjointventure.org.

2 https://journeynorth.org.

3 https://thewilds.columbuszoo.org/home.

4 https://tapconnection.org.

5 https://www.monarchwatch.org.